CIENCIA 5.0

CIENCIA EXPONENCIAL EN LA ERA DE LA IA

JORGE BRAVO ABAD

CIENCIA 5.0

CIENCIA EXPONENCIAL
EN LA ERA DE LA IA

EDICIONES PIRÁMIDE

Primera edición: abril, 2026

© Jorge Bravo Abad, 2026
© Ediciones Pirámide (Grupo Anaya, S. A.), 2026
Valentín Beato, 21. 28037 Madrid
Teléfono: 91 393 89 89
www.edicionespiramide.es

PAPEL DE FIBRA
CERTIFICADA

ISBN: 978-84-368-5150-2
Depósito legal: M. 5.822-2026
Impreso en España - Printed in Spain

A Emma y a Daniela, herederas de un futuro
que apenas alcanzamos a intuir.
A Mónica, por mostrarme que la excelencia al
servicio de la sociedad es el camino para construir ese futuro.

ÍNDICE

PREFACIO

Este libro nace de una pregunta que me ha acompañado durante los últimos años: ¿cómo explicar a alguien que no es especialista que estamos viviendo una revolución científica sin precedentes? No me refiero a una revolución futura, a una promesa tecnológica que quizá se materialice algún día, sino a algo que está ocurriendo ahora mismo, en laboratorios de todo el mundo, transformando la forma en que hacemos ciencia de maneras que habrían parecido ciencia ficción hace apenas una década.

La pregunta surgió de forma natural en mi vida cotidiana como profesor e investigador. En las aulas de la Universidad Autónoma de Madrid, donde imparto clases desde hace años, observaba cómo mis estudiantes de física llegaban cada vez más interesados en la inteligencia artificial (IA), pero con una mezcla de fascinación y confusión que me resultaba muy familiar, pues era la misma que yo había experimentado no hace tanto tiempo. En los pasillos de la facultad, colegas de disciplinas muy diversas, desde biólogos moleculares hasta astrofísicos, me preguntaban cómo podían incorporar estas nuevas herramientas a su investigación. En reuniones familiares o de amigos me preguntaban recurrentemente si ChatGPT nos iba a hacer obsoletos a profesores e investigadores, o si todo esto de la IA era simplemente otra moda tecnológica pasajera.

A todas estas preguntas intentaba responder de la mejor manera posible, improvisando explicaciones, buscando analogías que hicieran accesibles conceptos técnicos, tratando de transmitir tanto el entusiasmo genuino que siento por estos avances como la prudencia necesaria ante sus limitaciones y riesgos. Pero siempre me quedaba la sensación de que faltaba algo: un recurso al que pudiera remitir a quienes quisieran profundizar, un texto que combinara el rigor que exige la ciencia con la accesibilidad que merece cualquier ciudadano curioso. Este libro que echaba de menos es el que ahora tienes entre las manos.

El título de este libro requiere una explicación. La etiqueta «5.0» evoca deliberadamente el lenguaje de las revoluciones industriales y tecnológicas: la Industria 4.0, la Web 2.0, la Sociedad 5.0. A lo largo de la historia, la ciencia ha sufrido transformaciones que no fueron meramente incrementales, sino que cambiaron las reglas del juego de forma cualitativa. La revolución científica del siglo XVII, con Galileo y Newton, estableció el método experimental y matemático como piedra angular del conocimiento. La industrialización del siglo XIX llevó la ciencia a los laboratorios y la profesionalizó. El siglo XX trajo la computación, que permitió simular lo que no podíamos experimentar directamente. Y ahora, en las primeras décadas del siglo XXI, la IA está introduciendo un cambio igualmente profundo: por primera vez, las máquinas no solo calculan lo que los humanos les ordenan, sino que aprenden, descubren patrones, generan hipótesis y, en cierto sentido, hacen ciencia junto a nosotros.

La Ciencia 5.0, tal como la entiendo, no es simplemente ciencia hecha con ordenadores más potentes. Es una nueva forma de relación entre el investigador humano y sus herramientas, donde la frontera entre quien pregunta y quien responde se vuelve borrosa. Es una ciencia que puede abordar problemas antes intratables, no porque tengamos más paciencia o más recursos, sino porque disponemos de métodos cualitativamente diferentes para extraer conocimiento de la realidad. Y es, también, una ciencia que plantea preguntas filosóficas y éticas inéditas sobre la naturaleza del descubrimiento, la autoría del conocimiento y el papel del ser humano en la empresa científica.

He escrito este libro con un lector muy específico en mente: alguien curioso por entender el mundo que le rodea, pero que no necesariamente tiene formación técnica en IA o en las disciplinas científicas que se discuten. No presupongo conocimientos previos de programación, matemáticas o física. Cuando ha sido necesario introducir conceptos técnicos, he tratado de hacerlo de forma gradual, utilizando analogías con situaciones cotidianas y evitando en lo posible la jerga especializada. Mi objetivo ha sido que cualquier lector con disposición para pensar pueda seguir el hilo argumental de principio a fin, comprendiendo no solo qué está pasando, sino por qué es importante.

Dicho esto, espero que el libro también resulte de interés para lectores con formación científica o técnica. He procurado que el rigor no se sacrifique en aras de la accesibilidad. Las afirmaciones que hago están respaldadas por literatura científica que se cita al final de cada capítulo, y he intentado ser preciso tanto sobre lo que sabemos como sobre lo que ignoramos. Un experto en aprendizaje automático encontrará quizá demasiado simplificadas algunas explicaciones técnicas, pero espero que aprecie la visión de conjunto y las conexiones entre campos que no siempre se hacen explícitas en la literatura especializada. Un biólogo, un médico o un astrónomo descubrirá cómo los mismos principios algorítmicos que están transformando su disciplina están produciendo revoluciones paralelas en campos aparentemente muy lejanos.

Permíteme aclarar también lo que este libro no pretende ser. No es un manual técnico: quien busque instrucciones para programar redes neuronales o implementar algoritmos encontrará recursos mucho más adecuados en la abundante literatura especializada. No es tampoco un tratado exhaustivo sobre IA: hay aspectos importantes de la IA, como los sistemas de recomendación, los vehículos autónomos o la generación de contenido creativo, que apenas se mencionan porque exceden el foco específico de la ciencia. No es, finalmente, un ejercicio de futurología: aunque inevitablemente especulo sobre hacia dónde nos dirigimos, he tratado de anclar la discusión en lo que ya existe y funciona, no en promesas que quizá nunca se materialicen.

He intentado mantener un equilibrio que reconozca tanto el potencial transformador de estas herramientas como sus limitaciones, riesgos y zonas de incertidumbre. La realidad es casi siempre más compleja que los titulares, tanto los entusiastas como los alarmistas, y confío en que los lectores de este libro son lo suficientemente maduros para apreciar los matices. Mi objetivo no es convencerte de que la IA es maravillosa o terrible, sino proporcionarte la información y el marco conceptual para que formes tu propio juicio informado.

El libro se estructura en nueve capítulos más un epílogo, diseñados para ofrecer tanto una visión panorámica como profundidad en casos concretos.

El primer capítulo establece el marco general: qué entendemos por Ciencia 5.0, cómo hemos llegado hasta aquí y por qué este momento histórico es diferente de revoluciones tecnológicas anteriores. El segundo capítulo proporciona los fundamentos técnicos mínimos necesarios para comprender el resto del libro: qué es una red neuronal, cómo aprenden las máquinas, qué significa realmente «inteligencia artificial»... He intentado que este capítulo sea lo suficientemente completo para quien parte de cero, pero lo suficientemente ágil para no aburrir a quien ya tiene nociones básicas.

Los capítulos tercero a noveno exploran aplicaciones concretas de la IA en diferentes campos científicos, seleccionados por su impacto, su diversidad y su capacidad para ilustrar principios generales. El capítulo sobre predicción de estructuras de proteínas muestra cómo un problema que parecía irresoluble cayó casi de la noche a la mañana ante el embate de los algoritmos. El capítulo sobre meteorología ilustra las posibilidades y límites de predecir sistemas caóticos. El de diagnóstico médico plantea cuestiones sobre la confianza en las máquinas cuando hay vidas humanas en juego. El de computación cuántica nos lleva al límite de lo que la física permite calcular. El de química y laboratorios autónomos nos muestra un futuro donde los robots no solo ejecutan experimentos, sino que los diseñan. El de astronomía despliega la escala cósmica de los datos que la IA puede procesar. Y el de matemáticas nos enfrenta a la pregunta más fundamental: ¿pueden las máquinas descubrir verdades abstractas que los humanos no han sido capaces de ver?

Cada uno de estos capítulos puede leerse de forma relativamente independiente, aunque están pensados para formar un todo coherente, donde temas recurrentes, como la tensión entre interpretabilidad y rendimiento, o la importancia de los datos de entrenamiento, aparecen en contextos diferentes que iluminan sus múltiples facetas.

El epílogo final aborda directamente las cuestiones éticas y sociales que atraviesan todo el libro: los sesgos algorítmicos, la transparencia, la autoría, el impacto ambiental, la brecha tecnológica global... Son temas que no he querido relegar a un apéndice prescindible, sino situar como cierre necesario de una reflexión que sería incompleta sin ellos.

Escribir este libro ha sido una de las experiencias intelectuales más intensas y gratificantes de mi carrera. Me ha obligado a salir de la zona de confort de mi especialidad, la física de la materia condensada, y adentrarme en territorios que conocía solo de oídas: la biología estructural, la meteorología, la oncología, las matemáticas puras... En cada uno de estos campos he encontrado investigadores generosos que respondieron a mis preguntas de novato con paciencia y entusiasmo, así como literatura científica de una riqueza que no sospechaba. La interdisciplinariedad, que tantas veces se invoca como ideal pero tan pocas se practica de verdad, ha sido para mí en estos meses no un eslogan sino una vivencia transformadora.

Un libro como este no se escribe en soledad. Quiero agradecer en primer lugar a mis estudiantes de la Universidad Autónoma de Madrid, cuyas preguntas incisivas me obligaron a pensar más claramente y a buscar explicaciones más accesibles. A mis colegas de departamento, que con sus conversaciones, su propio trabajo, dedicación y excelencia constituyen una fuente continua de inspiración. A los investigadores de diversos campos que respondieron a mis consultas, compartieron materiales y me orientaron en literaturas que desconocía. A Lidia Tello y a Inmaculada Jorge, editoras de Pirámide, por todo su apoyo, orientación y guía en la escritura de este libro. A mi familia, que aceptó con comprensión las horas robadas a la convivencia para dedicarlas al teclado.

Una mención especial merece el profesor Marin Soljačić, del MIT, cuya invitación a pasar un año sabático en su grupo de investigación en 2018 fue el catalizador de todo lo que vino después. Sin aquella experiencia, sin las conversaciones en los pasillos del edificio 6C y sin los seminarios que abrieron mis ojos a un mundo nuevo, este libro simplemente no existiría.

La ciencia siempre ha sido una aventura del espíritu humano, un intento de comprender el universo que habitamos y nuestro lugar en él. Lo que hace especial el momento actual es que, por primera vez, no emprendemos esa aventura solos. Tenemos compañeros de viaje, entidades artificiales que procesan información de formas que nosotros no podemos, que detectan patrones invisibles para nuestros sentidos y nuestras intuiciones, que exploran espacios de posibilidades demasiado grandes para cualquier mente individual. Estos compañeros no son humanos, no tienen conciencia ni propósitos propios, pero en la colaboración con ellos está emergiendo algo nuevo: una forma híbrida de inteligencia que amplifica lo que somos capaces de descubrir y comprender.

Esta es la historia que quiero contarte. Una historia de algoritmos y neuronas artificiales, sí, pero también de científicos de carne y hueso que están viviendo una transformación sin precedentes en sus profesiones. Una historia de éxitos espectaculares, pero también de fracasos instructivos, de promesas exageradas y de limitaciones reales. Una historia que aún se está escribiendo, cuyo desenlace depende de decisiones que tomaremos colectivamente en los próximos años. Porque la Ciencia 5.0 no es un destino inevitable, sino un camino que estamos construyendo.

Te invito a acompañarme en este recorrido. Prepárate para sorprenderte, para cuestionar algunas de tus intuiciones, para ver cómo campos científicos aparentemente dispares pueden revelar conexiones inesperadas. Prepárate también para las preguntas sin respuesta, para las zonas de incertidumbre donde incluso los expertos discrepan, para la incomodidad productiva de no saber exactamente qué pensar. Esa incomodidad, después de todo, es el punto de partida de todo conocimiento genuino. Es lo que nos impulsa a seguir preguntando, explorando, aprendiendo. Es, en última instancia, lo que nos hace humanos incluso, o especialmente, en la era de las máquinas inteligentes.

JORGE BRAVO ABAD

Madrid, febrero de 2026

1

Ciencia exponencial: creando la IA científica

«El verdadero viaje de descubrimiento no consiste
en buscar nuevos paisajes, sino en tener nuevos ojos.»
Marcel Proust

El origen de una fascinación: mi encuentro con la IA en el MIT

Recuerdo bien el momento. Era otoño de 2018, y yo tenía la suerte de encontrarme en MIT (Instituto de Tecnología de Massachusetts, EE.UU.) gracias a una beca Fulbright. Recuerdo la brisa fresca a orillas del río Charles y esa efervescencia mental que solo un lugar plagado de mentes brillantes puede generar. Mis objetivos iniciales en esa estancia eran los que un profesor universitario suele perseguir cuando viaja a una institución de excelencia internacional del calado de MIT: aprender, establecer nuevas colaboraciones científicas, asistir a seminarios y, en general, absorber como una esponja las ideas que flotan en el aire de uno de los epicentros mundiales de la ciencia y la tecnología. Siempre he pensado que MIT encarna bien la expresión *where the future begins* (donde el futuro nace y desde donde se extiende al resto del mundo) (Vest, 2011).

En aquellos días, pese a que ya había oído hablar de la IA, esta no era mi prioridad inmediata. Me atraía más la posibilidad de usar aquel año sabático para centrarme en algunos proyectos pendientes y, quizá, obtener una perspectiva fresca sobre viejos problemas de mi campo de investigación. Sin embargo, el destino suele tener sus propios planes: una tarde, acudí casi por casualidad a un seminario del grupo del profesor que actuaba como mi anfitrión académico en esa estancia, el profesor Marin Soljačić, una reconocida emi-

17

nencia en el ámbito de la física y uno de los profesores más respetados de MIT. Desde que lo conocí hace más de dos décadas, cuando tuve la oportunidad de trabajar en su grupo como estudiante predoctoral, Marin se ha convertido en una figura académica y personal de referencia para mí.

Durante el seminario, un joven estudiante llamado Peter Lu —actualmente investigador en la Universidad de Chicago— nos mostró algo que me dejó completamente asombrado por su novedad. Ante nuestros ojos, Peter resolvió un problema complicado de física utilizando lo que denominó una *red neuronal artificial*. Esta «red», alimentada únicamente con datos, podía predecir con sorprendente precisión el comportamiento de un sistema físico sofisticado. Pero lo verdaderamente revolucionario era que para generar esa predicción no se necesitaba incorporar al proceso de resolución ningún conocimiento previo ni ninguna ecuación que describiera la física del sistema estudiado. De una forma que me parecía casi mágica por aquel entonces, la red neuronal era capaz de «aprender» la física del sistema por sí sola.

Aquello me produjo un tremendo impacto intelectual, y ahora me doy cuenta de que fue la semilla de mi visión sobre una nueva forma de hacer ciencia que llevo desarrollando desde entonces. De ese seminario salí con dos conclusiones. La primera, que la ciencia se abría ante mí con un lienzo mucho más amplio de lo que había imaginado. Como trataré de ilustrar en este volumen, las fronteras entre campos científicos se difuminan cuando uno aprende el «*idioma*» de la IA. La segunda conclusión fue que estaba contemplando un cambio de paradigma. Y es que, aunque suene grandilocuente, en ese momento fui consciente de que la IA no es una simple técnica computacional más, sino que está redefiniendo la manera de investigar, hacer preguntas, procesar datos experimentales y, en definitiva, de entender el fenómeno científico.

He querido relatar esta anécdota inicial porque, en buena medida, refleja el *leitmotiv* de este primer capítulo y de toda esta obra en general: me gustaría transmitir de forma accesible, pero rigurosa y profunda, cómo el advenimiento de la IA está alterando de forma radical la trayectoria de la investigación científica. Al igual que me ocurrió a mí, un número cada vez mayor de investigadores y profesionales de la ciencia y la tecnología están experimentando ese «momento epifánico» que cambia su visión de lo que se puede o no se puede hacer en investigación científica, tanto con la teoría como con la experimentación. En aquel momento no tenía la etiqueta «*Ciencia 5.0*» en la cabeza, pero hoy la utilizo para encapsular un fenómeno inédito: la convergencia de la IA y la investigación científica como motor

FUENTE: fotografía de Tianyi Han en *MIT News,* 27 agosto de 2021. https://slink.com/eCUyY

Figura 1.1.—Campus universitario de MIT.

Vista de la Gran Cúpula y los laboratorios del MIT tomada desde la orilla opuesta del río Charles al atardecer, escenario de la «efervescencia mental» descrita en el texto.

para impulsar y acelerar descubrimientos científicos a un ritmo exponencial. Porque no es solo que podamos hacer «más rápido» lo de siempre, sino que estamos en condiciones de plantear interrogantes que antes eran inabordables y de obtener respuestas que, como científicos, ni en sueños habríamos podido imaginar.

Aunque todo lo que os he contado pueda sonar demasiado entusiasta, quiero subrayar que la IA no lo hace todo sola. Se apoya en la labor humana, la interpretación, la curiosidad y la imaginación. Pero amplifica nuestras capacidades como especie, del mismo modo que la imprenta de Gutenberg amplificó la difusión del conocimiento (Man, 2009) o que la máquina de vapor en la Revolución Industrial amplió el poder productivo (Rosen, 2012). Lo que en aquel otoño de 2018 se respiraba en pasillos como los del MIT, la Universidad de Stanford, la Universidad de Harvard o cualquier otro centro de investigación puntero, se demostró con los años que no era un fenómeno pasajero. Muy al contrario, se trataba de los inicios de una transformación profunda, un rediseño de la metodología científica que está cambiando las reglas del juego. Pero para comenzar a apreciar plenamente esta metamorfosis conviene retroceder y recorrer, una a una, las cinco grandes eras que han marcado la historia de la ciencia.

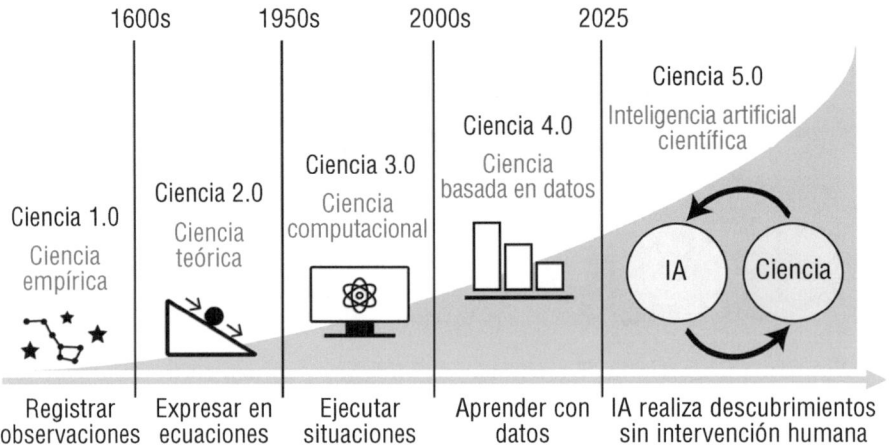

FUENTE: adaptado de Miolane (2025). *PLoS Biol.*, 23(6): e3003230. https://doi.org/10.1371/journal.pbio.3003230 (10 de junio de 2025).

Figura 1.2.—Las cinco eras de la ciencia.

Evolución histórica de la actividad científica, desde la observación empírica hasta la inteligencia científica artificial, destacando la incorporación progresiva de métodos más complejos para adquirir conocimiento. La ciencia actual está entrando en la quinta era, caracterizada por una inteligencia artificial que realiza investigación científica y descubrimientos de forma autónoma.

DE LA CIENCIA CLÁSICA A LA CIENCIA 5.0

Efectivamente, a lo largo de los siglos la ciencia ha evolucionado en distintas etapas que, lejos de invalidarse entre sí, han ido ampliando nuestro horizonte de posibilidades. Desde los primeros anales astronómicos chinos y babilonios hasta los detallados catálogos estelares de Claudio Ptolomeo, una primera etapa de la ciencia, lo que podemos denominar *Ciencia 1.0*, cubre un amplio arco temporal que se extiende hasta los umbrales del siglo XVII (Needham, 1959).

Ya en el siglo VIII a. C., los astrónomos de Mesopotamia consignaban en tablillas de arcilla los ciclos de los eclipses de Sol y Luna, auténticos calendarios celestes grabados en escritura cuneiforme (Steele, 2012). Entre esos registros primitivos y el 150 d. C., cuando Ptolomeo destiló la cartografía del cielo en su *Almagest* (Ptolemy, 1998), transcurrieron casi mil años en los que la ciencia avanzó a golpe de observación sistemática. Hacia el año 1021, Ibn al-Haytham formuló en Basora la primera óptica experimental (Al-Khalili, 2010). En 1543, Andreas Vesalius publicó en Padua sus disecciones anatómicas en *De Humani Corporis Fabrica* (Kusukawa, 2024), y ya en 1598 Tycho Brahe anotaba con obsesiva precisión la trayectoria de los cometas en la isla de Hven (Ferguson, 2002). Todos ellos trabajaban bajo la misma premisa: ver, medir, describir y volver a ver. En ese contexto, la «ley» científica equivalía a una buena tabulación, y la autoridad emanaba de la reputación del observador o de la cantidad de fenómenos registrados.

El siguiente cambio de paradigma se produce alrededor del año 1600, cuando la matemática se convierte en el lenguaje privilegiado para explicar la naturaleza y da comienzo lo que llamaremos la *Ciencia 2.0*. Galileo Galilei observa las lunas de Júpiter y los cráteres lunares con un telescopio artesanal. Pero el verdadero salto en el trabajo de Galileo está en tratar sus observaciones como casos particulares de principios geométricos y dinámicos universales (Livio, 2020). Johannes Kepler, utilizando las anotaciones detalladas de Brahe que mencionábamos antes, ajusta las órbitas planetarias a curvas elípticas y demuestra la belleza de la representación gráfica de una ley fundamental (Ferguson, 2002). Isaac Newton unifica la caída de los cuerpos y la mecánica celeste en los *Principia* (Newton, 1687), y un siglo y medio después James Clerk Maxwell funde electricidad, magnetismo y óptica en un único sistema de ecuaciones (Maxwell, 1865; Cox y Forshaw, 2020). La relatividad general de Albert Einstein (Einstein, 1915) y el teorema de Emmy Noether sobre simetrías y conservaciones (Neuenschwander,2017), además de revolucionar la física de su tiempo, rematan este giro: la ciencia ya no se limita a coleccionar hechos, sino que aspira a codificarlos en símbolos capaces de predecir hechos nuevos. «Ver» sigue siendo crucial, pero ahora importa tanto o más la capacidad de «expresar» la regularidad en el lenguaje abstracto y matemático de la ciencia.

A mediados del siglo XX emerge la *Ciencia 3.0*, cuando las ecuaciones se vuelven tan complejas que requieren la ayuda de ordenadores para resolverlas. John von Neumann describe la arquitectura de la computación electrónica y la aplica a las primeras simulaciones meteorológicas (Von Neumann, 1945); Enrico Fermi introduce el método Monte Carlo para explorar reacciones nucleares y problemas estadísticos (Fermi et al., 1947), Margaret Hamilton aplica la ingeniería de *software* al programar el *Apollo 11* (Hamilton, 1969) y Kenneth Wilson se vale de algoritmos de renormalización para desentrañar las llamadas *transiciones de fase* de sistemas físicos (Wilson, 1983). El ordenador inaugura un tercer dominio entre teoría y experimento: un mundo de realidad sintética en el que los fenómenos pueden acelerarse, ralentizarse o expandirse hasta escalas imposibles en la realidad física gracias a la computación.

Figura 1.3.—De la arcilla al chip.

Izquierda: tablilla cuneiforme babilónica (ca. siglo VII a. C.) con un calendario de eclipses de Sol y Luna, ejemplo paradigmático de la Ciencia 1.0, basada en el registro empírico meticuloso (© The Trustees of the British Museum, CC BY-NC-SA 4.0). Derecha: programadoras del ENIAC reconfiguran el primer ordenador digital electrónico mediante paneles y cables para ejecutar un nuevo cálculo (ca. 1946), símbolo de la Ciencia 3.0, cuando las simulaciones numéricas amplían el experimento y la teoría (© CORBIS/Corbis via Getty Images).

Con el cambio de milenio la producción de datos se dispara y comienza la era de la *Ciencia 4.0*. La semilla de esta era en realidad había germinado a finales del siglo XX, cuando Tim Berners-Lee concibió la World Wide Web y la rápida expansión de Internet globalizó la circulación del conocimiento científico (Berners-Lee, 1991). La digitalización masiva propició la creación de gigantescos repositorios, desde catálogos astrofísicos hasta archivos genómicos, y alentó colaboraciones internacionales de gran envergadura —como los experimentos del CERN o los consorcios de secuenciación genómica—, mientras la computación de alto rendimiento multiplicaba la capacidad de analizar datos a escala planetaria (Dongarra et al., 2003). Es este nuevo modo de trabajo al que Jim Gray bautiza como «*cuarto paradigma*», advirtiendo que el reto ya no es generar información, sino convertir océanos de cifras en conocimiento coherente (Gray, 2009). Así, amparado por redes globales y centros de computación de alto rendimiento, el *Large Hadron Collider* descubre el bosón de Higgs tras filtrar petabytes de colisiones (ATLAS Collaboration, 2012), el *Sloan Digital Sky Surv*ey mapea el cielo con exhaustividad sin precedentes (York et al., 2000), *ImageNet* demuestra que un conjunto bien etiquetado puede desencadenar una revolución en aprendizaje profundo (Deng et al., 2009) y Craig Venter secuencia el primer genoma humano individual, abriendo la puerta a la medicina personalizada (Venter et al., 2007).

Finalmente, hoy en día se perfila en el horizonte inmediato la *Ciencia 5.0*, caracterizada por la irrupción de la IA como agente autónomo de descubrimiento. Demis Hassabis y su equipo muestran que AlphaFold predice la estructura de las proteínas con precisión casi atómica (Jumper et al., 2021), Ross King y sus colaboradores desarrollan los robots *Adam y Eve*, capaces de generar hipótesis biológicas, planificar experimentos y analizarlos sin supervisión directa (King et al., 2009), la plataforma RoboRXN conjuga modelos de lenguaje químico con robótica en la nube para sintetizar moléculas a demanda (Vaucher et al., 2020), y laboratorios autónomos diseñan catalizadores y materiales para baterías con una velocidad inalcanzable para los métodos convencionales de prueba y error (Zhong et al., 2020). Por primera vez la máquina no es solo una herramienta, sino una compañera de investigación, capaz de cerrar por sí misma el ciclo hipotético-deductivo. El científico, en lugar de diluirse en la tecnología, redefine su papel para orquestar, supervisar e interpretar el trabajo de estas herramientas avanzadas. Se podría decir que los científicos nos convertimos en los directores de orquesta de las diferentes formas de IA que hacen ciencia. Ello, por supuesto, plantea cuestiones éticas sobre autoría, verificabilidad y equidad, y exige que los científicos comencemos a tener una formación multidisciplinar, tanto en nuestro campo de trabajo específico, el denominado campo de dominio, como también en IA y robótica.

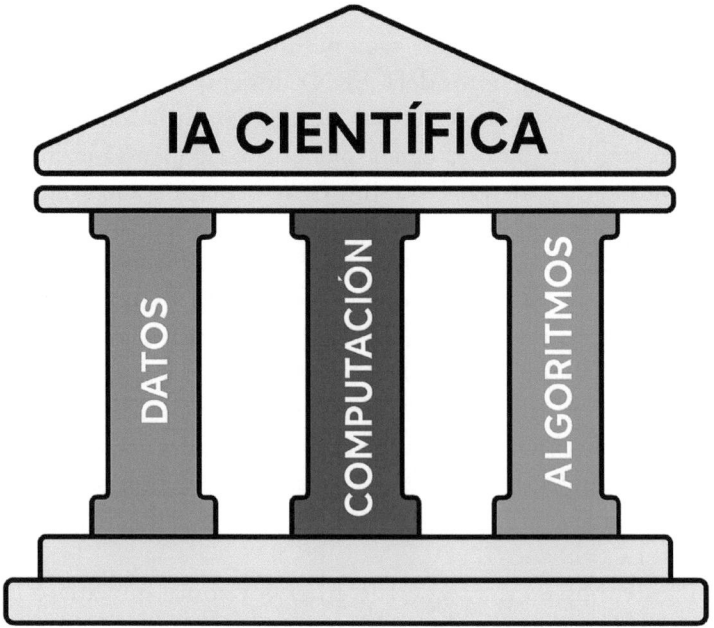

FUENTE: elaboración propia.

Figura 1.4.—Los pilares de la IA científica.

Representación gráfica de los tres pilares fundamentales que sustentan la inteligencia artificial científica: datos, computación y algoritmos. La figura representa cómo estos elementos, al integrarse, sostienen el avance del conocimiento científico impulsado por IA.

Es importante darse cuenta de que cada una de estas fases no cancela a la anterior, sino que la contiene y la potencia: el astrónomo aficionado que hoy graba un tránsito exoplanetario sigue practicando la observación empírica, pero sus datos alimentan redes neuronales entrenadas con petabytes de imágenes; el físico teórico prueba sus ecuaciones en simulaciones de millones de partículas; el químico que persigue un nuevo fármaco delega en un planificador automático la selección de rutas de síntesis entre billones de posibilidades, etc. Hemos pasado de los pergaminos y tablillas de la antigüedad al cuaderno *Jupyter de Python* (Kluyver et al., 2016) y al laboratorio autónomo. La ciencia comienza a escalar una pendiente cada vez más pronunciada, impulsada por la renovación continua de su caja de herramientas. Pero, como es posible imaginar, la Ciencia 5.0 no será una meta definitiva, sino que se trata de la estación más reciente de un trayecto que se acelera desde que comprendimos que el conocimiento no solo se descubre, sino que también se diseña y se automatiza. Con cada salto, el horizonte de lo imaginable se ensancha e invita a los científicos a formular preguntas que antes ni siquiera sabíamos articular.

¿POR QUÉ AHORA? LA TORMENTA PERFECTA PARA LA IA

Cada vez que hablo de IA aplicada a la investigación científica me hacen la misma pregunta: si las redes neuronales en realidad fueron inventadas en los años 40 (McCulloch et al., 1943), ¿por qué la ciencia no se transformó mucho antes? La respuesta reside en la convergencia reciente de tres factores que, al unirse durante la última década, han disparado el rendimiento de la IA hasta niveles útiles para la práctica científica: datos abundantes y abiertos, potencia de cálculo asequible y algoritmos maduros.

Primero, los *datos*. Imagínate que cada noche apuntaras tu teléfono al cielo y tomaras una foto por segundo durante doce horas: acabarías con más de cuarenta mil imágenes en la memoria. Ahora imagina un telescopio robótico del tamaño de un autobús haciendo lo mismo, pero con una cámara mil veces más sensible y multiplicado por varios observatorios repartidos por el planeta. Esa es la realidad de proyectos como el *Vera C. Rubin Observatory*, capaz de reunir en una sola madrugada más fotografías del firmamento de las que se obtuvieron en todo el siglo XX (Ivezić et al., 2019). Algo parecido ocurre en los hospitales: un ensayo clínico de cáncer de pulmón que hace veinte años archivaba unos pocos cientos de historias médicas ahora genera terabytes (millones de megabytes) de secuencias de ADN, imágenes de escáner y registros de sensores portátiles que miden a la vez sueño, nutrición y actividad física. Toda esa información se sube a repositorios «FAIR» —siglas en inglés de *localizable, accesible, interoperable y reutilizable* (Wilkinson, 2016)— donde cualquiera con conexión a Internet puede descargarla. Es como si la humanidad hubiera pasado de una estantería con cuadernos dispersos a una biblioteca digital planetaria en la que los libros se actualizan solos a cada minuto. Para una red neuronal, esos millones de ejemplos son el alimento perfecto: como veremos en el próximo capítulo, la IA aprende «mirando» casos reales en lugar de memorizar fórmulas escritas por un experto.

Segundo, el *cálculo*. Disponer de tanta materia prima solo sirve si tenemos herramientas capaces de digerirla. Ahí entran las llamadas *GPU* y las *TPU* (*graphics processing units* y *tensor processing units,* en su denominación en inglés). La GPU nació como un procesador gráfico destinado a mover los millones de polígonos que dan vida a los videojuegos (Nickolls et al., 2010), pero con el tiempo se transformó en el auténtico caballo de batalla de la IA. Una TPU es la versión «vitaminada» de las GPU, que Google diseñó exprofeso para multiplicar la velocidad del aprendizaje automático (Jouppi, 2021). Si entrenar un modelo de voz en 2012 exigía varios meses y un presupuesto digno de Hollywood, hoy basta reservar con la tarjeta de crédito unas cuantas horas en la nube: pagas unos céntimos por cada chip y, cuando acabas, lo apagas como quien cierra el grifo del agua. Gracias a esa tarifa «de taxi», cualquiera, desde un instituto de secundaria hasta un laboratorio de un país en vías de desarrollo, puede probar ideas que antes estaban reservadas a los grandes centros de supercomputación.

Tercero, los *algoritmos*. Las primeras redes neuronales de los años 80 eran como los primeros automóviles de manivela: lograban moverse en llano, pero se recalentaban y se paraban ante la mínima cuesta. Lo que cambió el paisaje fue una colección de grandes descubrimientos algorítmicos. La llamada *normalización de lotes* (Ioffe, 2015) actúa como el estabilizador de una cámara que evita que las imágenes salgan movidas, las *redes neuronales profundas* (Goodfellow et al., 2016) añaden pisos y más pisos de neuronas para que la máquina reconozca detalles cada vez más sutiles, y los llamados *transformadores* (Vaswani,2017) funcionan como un lector con memoria fotográfica que salta de una página a otra sin perder el hilo. La comunidad científica bautizó ese momento como «revolución del *deep learning*» (Sejnowski, 2018). Una de las medallas más recientes con las que celebrar todos estos avances llegó en 2024, cuando el premio Nobel de Física fue concedido a John Hopfield y Geoffrey Hinton por las ideas pioneras que hicieron posible esta nueva hornada de «cerebros» artificiales (*Nobel Prize in Physics,* 2024).

En resumen, el trío datos, cálculo y métodos ha creado una tormenta perfecta para el desarrollo de la IA científica. Una de las manifestaciones más claras de esta tormenta perfecta es el crecimiento exponencial, tanto en la cantidad absoluta de artículos de investigación científica que crean o emplean técnicas avanzadas de IA, como la proporción relativa de estos estudios dentro del total publicado en distintas áreas. Ese crecimiento simultáneo —en cifras absolutas y en peso relativo— demuestra que la IA está

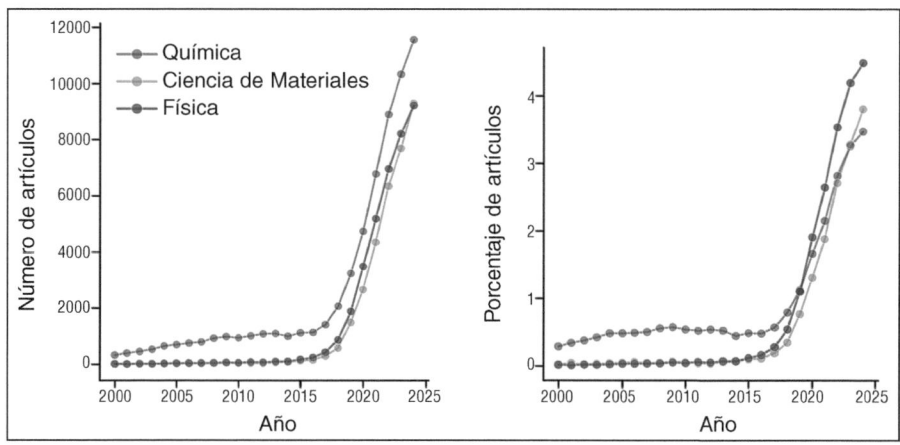

FUENTE: elaboración propia.

Figura 1.5.—La tormenta perfecta de la IA científica reflejada en publicaciones científicas.

Análisis gráfico de cómo ha crecido en los últimos años el número de artículos científicos que presentan técnicas novedosas de inteligencia artificial (IA) o que usan estas técnicas para resolver problemas científicos. A la izquierda se muestra cómo ha aumentado el número total de estos artículos a lo largo de los años. A la derecha se observa qué porcentaje representan estos artículos con respecto al total publicado en diferentes áreas científicas, lo que pone de manifiesto el impacto relativo de la IA en cada campo.

dejando de ser un recurso accesorio: más que una herramienta imprescindible, se perfila como el motor de un cambio de paradigma en nuestra forma de hacer ciencia.

El proyecto *AlphaFold* simboliza como pocos la irrupción del nuevo paradigma científico basado en la IA. Esta herramienta, desarrollada por *DeepMind*, logra descifrar la arquitectura tridimensional de las proteínas con una precisión que hasta hace pocos años resultaba impensable. Las proteínas, cadenas de aminoácidos responsables de la mayoría de los procesos biológicos, revelan su función cuando se conoce su estructura espacial. Por ello, predecir esa estructura con fiabilidad ha sido uno de los grandes desafíos de la bioquímica. La primera versión de AlphaFold se presentó en 2018 (Senior, 2020) y, tras una profunda renovación, llegó AlphaFold 2 en 2021 (Jumper, 2021). Este avance revolucionó la determinación estructural: lo que antes exigía meses de trabajo experimental hoy puede resolverse en cues-

tión de minutos y con una cobertura que supera los 200 millones de proteínas. La magnitud del logro quedó reconocida en 2024, cuando Jumper,
Baker y Hassabis recibieron el Premio Nobel de Química (Nobel in Chemistry, 2024).

Así, el éxito de AlphaFold 2 se apoya en los tres grandes pilares que
mencionamos antes. Primero, el entrenamiento con bases de datos colosa-
les: el *Protein Data Bank*, que recopila estructuras resueltas experimentalmente, y *UniProt*, que alberga millones de secuencias proteicas. Segundo, la
disponibilidad de una potencia de cómputo extraordinaria, impulsada por
los chips especializados de Google. Tercero, la utilización de algoritmos de
aprendizaje profundo capaces de realizar predicciones que trascienden la
intuición humana. Esta combinación de factores no solo explica la hazaña
técnica, sino que muestra con nitidez cómo la ciencia tradicional queda su-
perada y reconfigurada. La cristalografía de rayos X, antigua piedra angular del campo y proceso intrínsecamente lento, ha pasado a desempeñar un
papel casi inverso: ahora se recurre a ella sobre todo para validar las estructuras predichas por la IA, no como paso obligatorio para descubrirlas.

Otra revolución similar ocurrió en la predicción meteorológica: el sistema *GraphCast*, presentado por DeepMind en 2023 (Lam et al., 2023), logró
procesar cuatro décadas de datos climáticos y generar pronósticos globales
con hasta diez días de anticipación en apenas sesenta segundos. En química sintética, los sistemas Molecular-Transformer y RoboRXN de IBM, desarrollados en 2020, aprendieron las reglas de la retrosíntesis tras analizar
cuatro millones de reacciones químicas del USPTO (Schwaller et al., 2020).
La ciencia de materiales también ha avanzado notablemente con el sistema
GNoME (Frazer et al., 2024). Entrenado en la base de datos Materials Project y reforzado con redes neuronales especializadas, GNoME ha identifi-
cado 381.000 nuevos materiales cristalinos estables, multiplicando por diez
el catálogo de estructuras conocidas por la humanidad (Merchant et al.,
2023). En la medicina basada en imágenes, CheXNet, una red neuronal convolucional de 121 capas desarrollada por investigadores de Stanford, fue entrenada con más de 112.000 radiografías torácicas y logró identificar catorce patologías pulmonares, alcanzando e incluso superando la precisión de
radiólogos expertos en el diagnóstico de neumonía (Rajpurkar et al., 2017).
En astronomía, siguiendo el ejemplo que comentábamos en párrafos anteriores, el sistema ANTARES, desarrollado para procesar el flujo de alertas
del Vera C. Rubin Observatory, emplea algoritmos de aprendizaje automático para clasificar en tiempo real los aproximadamente diez millones de

eventos transitorios que el telescopio detectará cada noche, incluyendo supernovas y estrellas variables (Narayan et al., 2018).

Todos estos avances forman parte de una transformación fascinante que la ciencia vive hoy. Para entenderla, en los próximos capítulos exploraremos cómo la IA aprende a hacer ciencia: del «origami» molecular a la predicción de fenómenos climáticos extremos; de los laboratorios químicos autónomos a la búsqueda de exoplanetas. La IA científica está abriendo horizontes que hasta hace muy poco parecían inalcanzables.

¿DE VERDAD SE ACERCA EL FIN DE LA CIENCIA HECHA POR HUMANOS?

Cuando me preguntan si la IA va a reemplazar a los científicos, mi impulso inicial es responder que no, que lo que está cambiando no es el *sujeto* que hace ciencia sino el *modo* en que la ciencia se hace. Siempre he pensado que la ciencia no es una profesión que uno «ocupa», sino una práctica colectiva, un conjunto de hábitos, reglas y ambiciones que se reconfigura cada vez que aparece una herramienta poderosa. El microscopio no sustituyó a los biólogos, sino que les abrió otras preguntas. La computación no acabó con la física teórica, le dio otra escala. Sin embargo, conviene reflexionar con más detalle antes de lanzarse a responder un tajante «sí» o «no». En primer lugar, es importante recordar algo obvio que a menudo se olvida: los científicos no solo predecimos. Por supuesto que construimos teorías y modelos que anticipan resultados, pero nuestro oficio no se agota ahí. Explicamos, buscando causas y mecanismos. Intervenimos, diseñando experimentos y tecnologías para cambiar el mundo y no únicamente describirlo. Juzgamos, eligiendo problemas, fijando criterios de evidencia, ponderando riesgos y costes. Y también tejemos una comunidad, compartiendo datos y estándares, revisando el trabajo de otros y formando a los que vienen detrás.

Dicho esto, la versión simplista «IA = predicción», que podría llevarnos a responder contundentemente a la pregunta que titula esta sección, en realidad ya ha quedado obsoleta. Las mejores IAs científicas se están diseñando precisamente para ir más allá de la predicción, incorporando trazabilidad, autocrítica y diseño experimental. Un ejemplo nítido es *AI co-scientist* (Gottweis et al., 2025), un sistema de múltiples *agentes* construido sobre modelos de gran capacidad que no se limita a resumir literatura o crear gráficos: organiza un pequeño «equipo de IAs» con papeles diferenciados que generan hipótesis, reflexionan críticamente, elaboran rankings y analizan la evolución del sistema. Este tipo de sistemas itera hasta proponer resultados originales y testeables, incluyendo protocolos concretos y criterios de validación. Lo sustancial no es solo que acierte más o menos, sino que expone el proceso: debate entre alternativas, compara hipótesis, estima la calidad de sus salidas con una métrica dada y mejora cuando se le da más tiempo de razonamiento. En pruebas piloto, además, estas hipótesis han derivado en experimentos validados en laboratorio: desde el reposicionamiento de fármacos para leucemia mieloide aguda hasta dianas con actividad antifibrosa en organoides hepáticos humanos y mecanismos de transferencia genética relacionados con resistencia antimicrobiana. Hay ahí algo más que predicción: comienza a emerger la articulación de evidencia, el diseño de experimentos y el aprendizaje por crítica.

Otro de los aspectos clave cuando uno compara la actividad científica de humanos y de la IA es la denominada «explicabilidad». En ciencia, explicar puede significar hacer inteligible un resultado para otra persona, justificar por qué tomamos una decisión, identificar mecanismos subyacentes o mostrar que un modelo es robusto a perturbaciones. La IA científica avanza en este contexto por varias vías complementarias: deja rastro procedimental de cómo llegó a tal hipótesis y por qué descartó otras; descompone los problemas en etapas auditables tales como propuesta, crítica y diseño experimental; condiciona explícitamente la generación a restricciones físicas, químicas o éticas, lo que vuelve visibles los supuestos; y cierra el ciclo con validación externa: experimentos, réplicas y controles. Nada de esto garantiza mecanismos causales automáticos, pues seguirán haciendo falta teoría y modelos explicativos. Pero sí nos hace avanzar del conocido paradigma de la «caja negra» de la IA, a cajas parcialmente transparentes donde es posible seguir el hilo, refutar con criterio y aprender del error.

Llegados a este punto, la pregunta incómoda permanece: si una IA puede «leer» más artículos científicos que cualquiera de nosotros, inventar hipótesis a un ritmo mayor y proponer experimentos plausibles, ¿para qué nos va a necesitar? Para seguir avanzando en obtener una respuesta, reflexionemos por un momento en cómo funciona de verdad la investigación. La ciencia progresa por conjeturas y refutaciones en un entorno público y crítico. Ese dinamismo no se reduce a «producir más conjeturas». La elección de problemas, el célebre «olfato» científico, no está predeterminada por ningún conjunto de datos. También entra en juego el juicio científico:

qué riesgos aceptamos, qué relevancia damos a cada línea de investigación, o cuánto tiempo y recursos estamos dispuestos a invertir en cada uno de ellos. Los sistemas tipo *AI co-scientist* empiezan a modelar esos criterios como funciones objetivo y a organizar torneos de hipótesis con retroalimentación humana. El resultado no es una sustitución, sino una *co-gobernanza* del proceso: las personas fijan metas y valores, las máquinas expanden el alcance de la exploración, y ambas partes ajustan prioridades sobre la marcha.

¿Y qué hay de la creatividad? Tal vez la mejor manera de desactivar la falsa dicotomía entre «genio humano» y «máquina estadística» sea entender la creatividad en ciencia como un continuo. Hay *creatividad combinatoria* basada en utilizar piezas ya conocidas de manera innovadora. También hay *creatividad exploratoria,* basada en poblar regiones nuevas dentro de un mismo paradigma o conjunto de estudios previos. Finalmente, también existe la *creatividad transformadora,* probablemente la más genuina de las tres, consistente en cambiar las reglas de juego, abrir un nuevo campo de investigación o inventar instrumentos conceptuales que reorganizan cómo pensamos. En los dos primeros tipos de creatividad la IA ya muestra potencia: reagrupa trabajos de la literatura científica con una voracidad imposible para un equipo humano y recorre espacios de diseño, como el químico, con una eficacia que traduce en candidatos químicos plausibles y verificables. En el tercer tipo de creatividad el listón está más alto. ¿Puede una IA cambiar el espacio de lo posible? Tal vez sí, pero, al menos por ahora, casi siempre necesita nuestra colaboración. Una sinergia especial humano-máquina aparece cuando el empuje exhaustivo de la exploración alimenta intuiciones que cristalizan en nuevas preguntas y teorías. La creatividad que emerge en este paisaje es aumentada: metas y criterios los fijan comunidades humanas. La exploración voraz, bajo esas metas, la despliegan sistemas de IA capaces de manejar complejidad y escala. Cuando el proceso está bien armado, una cosa alimenta a la otra.

Todo esto debería reflejarse en cómo formamos a los próximos científicos. No basta con añadir un taller de programación a un currículo clásico. Hace falta, más bien, un alfabetismo doble sostenido en una misma cultura de responsabilidad. Por un lado, el dominio de los fundamentos humanos de hacer ciencia moderna: planteamiento de problemas, diseño experimental, estadística sólida, pensamiento causal, lectura crítica, ética, y escritura científica clara y de calidad. Por otro lado, la capacidad de trabajar con modelos de IA de manera rigurosa: representar bien un problema, interpretar salidas probabilísticas, auditar trazas de razonamiento, cerrar el ciclo con validaciones, y gobernar datos y modelos con criterios de transparencia y seguridad. En ámbitos como la imagen médica, las mejoras llegan cuando los equipos dominan tanto la física de los dispositivos como las representaciones autosupervisadas que capturan patrones útiles y generalizables. Es ese cruce el que produce saltos y no el fetichismo de la herramienta por sí sola. Imaginemos un curso universitario que recorra de punta a punta un proyecto: formular una hipótesis significativa, buscar y curar datos de referencia, entrenar un modelo condicionado por principios físicos o por restricciones éticas, usar un «co-científico» para proponer experimentos críticos, ejecutar validaciones con controles y documentar todo el trayecto, incluyendo límites y fallos. No para que «la IA enseñe ciencia», sino para aprender ciencia con IA, sin perder lo que la hace pública, refutable y responsable.

Llegados a este punto, la pregunta del título de este epígrafe se responde sola. No se acerca el fin de la ciencia hecha por humanos. Lo que se acelera es el final de cierta imagen de la ciencia: la del investigador aislado que, armado de lápiz y libretas, avanza a fuerza de genio individual. La ciencia que viene es coral e híbrida: humanos que deciden fines, calibran valores y dan sentido; máquinas que despliegan cálculo, memoria y exploración a escala inhumana, y protocolos públicos que aseguran que todo ello sea auditable y compartible. Habrá desplazamientos de tareas, como ya ocurrió con otras revoluciones científicas en el pasado, pero también habrá nuevas oportunidades que solo cobran sentido cuando una comunidad amplía el repertorio de lo que se atreve a intentar. Los primeros indicios que hemos comentado apuntan en esa dirección, agentes que proponen hipótesis y protocolos, generadores que sugieren materiales y estructuras, e infraestructuras de datos que vuelven la ciencia más abierta y reproducible. No es el fin de la ciencia hecha por humanos, sino el comienzo de una nueva división del trabajo. Lo sensato es prepararnos con mejores herramientas, mejores preguntas y una ética a la altura, para que esa división produzca más comprensión, más belleza y más valor social. De eso, y no de sustituir a nadie, trata la ciencia que viene.

Bibliografía

Al-Khalili, J. (2010). *Pathfinders: The Golden Age of Arabic Science.* Penguin Books.

ATLAS Collaboration (2012). Observation of a new particle in the search for the Standard Model Higgs boson with the ATLAS detector at the LHC. *Physics Letters B, 716*(1), 1-29.

Berners-Lee, T. (1991). *Information Management: A Proposal.* CERN Internal Memorandum.

Cox, B. y Forshaw, J. (2020). *Why Does E = mc²? (And Why Should We Care?).* Da Capo Press.

Deng, J., Dong, W., Socher, R., Li, L.-J., Li, K. y Fei-Fei, L. (2009). ImageNet: A large-scale hierarchical image database. En *Proceedings of the IEEE Conference on Computer Vision and Pattern Recognition* (pp. 248-255). IEEE.

Dongarra, J., Beckman, P. y Moore, T. (2003). The impact of high-performance computing on science and engineering. *Computing in Science & Engineering, 5*(4), 42-49.

Einstein, A. (1915). *Die Feldgleichungen der Gravitation. Sitzungsberichte der Preussischen Akademie der Wissenschaften zu Berlin,* 844-847.

Ferguson, K. (2002). *Tycho & Kepler: The Unlikely Partnership That Forever Changed Our Understanding of the Heavens.* Walker Books.

Fermi, E., Metropolis, N. y Ulam, S. (1947). Studies of neutron generation with the Monte Carlo method. *Los Alamos Scientific Laboratory Report* LA-UR-47-0022.

Goodfellow, I., Bengio, Y. y Courville, A. (2016). *Deep Learning* (MIT Press, Cambridge, MA).

Gottweis, J. et al. (2025). *Towards an AI co-scientist.* arXiv:2502.18864.

Gray, J. (2009). The fourth paradigm: Data-intensive scientific discovery. En T. Hey, S. Tansley y K. Tolle (eds.), *The Fourth Paradigm* (pp. xvii-xxiii). Redmond (WA): Microsoft Research.

Hamilton, M. H. (1969). *Apollo Guidance and Navigation: Software Engineering Reports.* Houston (TX): NASA.

Ioffe, S. y Szegedy, C. (2015). Batch Normalization: Accelerating Deep Network Training by Reducing Internal Covariate Shift. *Proceedings of the 32nd International Conference on Machine Learning (ICML).*

Ivezić, Ž., Kahn, S. M., Tyson, J. A., Abel, B., Acosta, E., Allsman, R. et al. (2019). *LSST: From Science Drivers to Reference Design and Anticipated Data Products. The Astrophysical Journal, 873*(2), 111.

Jouppi, N. P., Young, C., Patil, N. et al. (2021). A domain-specific supercomputer for training deep neural networks. *Communications of the ACM, 64*(7), 67-78.

Jumper, J., Evans, R., Pritzel, A. et al. (2021). Highly accurate protein structure prediction with AlphaFold. *Nature, 596,* 583-589.

King, R. D., Rowland, J., Oliver, S. G. et al. (2009). The automation of science. *Science, 324*(5923), 85-89.

Kluyver, T., Ragan-Kelley, B., Pérez, F., Granger, B. E., Bussonnier, M., Frederic, J., Kelley, K., Hamrick, J., Grout, J. et al. (2016). Jupyter Notebooks - a publishing format for reproducible computational workflows. En F. Loizides y B. Schmidt (eds.), *Positioning and Power in Academic Publishing: Players, Agents and Agendas* (pp. 87-90). IOS Press.

Kusukawa, S. (2024). *Andreas Vesalius: Anatomy and the World of Books*. Reaktion Books.

Lam, R. T. et al. (2023). GraphCast: skillful medium-range global weather forecasting with graph neural networks. *Science, 382,* 422-428.

Lam, R., Sánchez-González, A., Willson, M., Wirnsberger, P., Fortunato, M., Alet, F., Ravuri, S., Ewalds, T., Eaton-Rosen, Z., Hu, W., Merose, A., Hoyer, S., Holland, G., Vinyals, O., Stott, J., Pritzel, A., Mohamed, S. y Battaglia, P. (2023). Learning skillful medium-range global weather forecasting. *Science, 382*(6677), 1416-1421.

Livio, M. (2020). *Galileo and the Science Deniers*. Simon & Schuster.

Man, J. (2009). *The Gutenberg Revolution: How Printing Changed the Course of History* (Bantam, 2010).

Maxwell, J. C. (1865). A dynamical theory of the electromagnetic field. *Philosophical Transactions of the Royal Society of London, 155,* 459-512.

McCulloch, W. S. y Pitts, W. (1943). A logical calculus of the ideas immanent in nervous activity. *Bulletin of Mathematical Biophysics, 5*(4), 115-133.

Merchant, A., Batzner, S., Schoenholz, S. S., Aykol, M., Cheon, G. y Cubuk, E. D. (2023). Scaling deep learning for materials discovery. *Nature, 624,* 80-85.

Miolane, N. (2025). The fifth era of science: Artificial scientific intelligence. *PLOS Biology, 23*(6), e3003230.

Narayan, G. et al. (2023). RubinNet: A Deep Neural Network Classifier for the Vera C. Rubin Observatory. *The Astronomical Journal, 165*(5), 203.

Needham, J. (1959). *Science and Civilisation in China, Vol. 3: Mathematics and the Sciences of the Heavens and the Earth*. Cambridge University Press.

Neuenschwander, D. E. (2017, rev.). *Emmy Noether's Wonderful Theorem*. Johns Hopkins University Press.

Newton, I. (1687). *Philosophiæ Naturalis Principia Mathematica*. Royal Society.

Nickolls, J. y Dally, W. J. (2010). The GPU computing era. *IEEE Micro, 30*(2), 56-69.

Nobel Prize in Chemistry (2024). https://www.nobelprize.org/prizes/chemistry/2024/summary/

Nobel Prize in Physics (2024). https://www.nobelprize.org/prizes/physics/2024/advanced-information

Ptolemy, C. (ca. 150/1998). *Ptolemy's Almagest* (G. J. Toomer, Trans.). Princeton University Press.

Rajpurkar, P., Irvin, J., Zhu, K., Yang, B., Mehta, H., Duan, T., Ding, D., Bagul, A., Langlotz, C., Shpanskaya, K., Lungren, M. P. y Ng, A. Y. (2017). CheXNet: Radiologist-Level Pneumonia Detection on Chest X-Rays with Deep Learning. *arXiv:1711.05225.* https://arxiv.org/abs/1711.05225.

Rosen, W. (2012). *The Most Powerful Idea in the World: A Story of Steam, Industry, and Invention.* The Chicago University Press.

Senior, A. W., Evans, R., Jumper, J. et al. (2020). Improved protein structure prediction using potentials from deep learning. *Nature, 577,* 706-710.

Sejnowski, T. J. (2018). *The Deep Learning Revolution.* The MIT Press.

Steele, J. M. (2012). *Observations and Predictions of Eclipse Times by Early Astronomers.* Springer.

Vaswani, A., Shazeer, N., Parmar, N. et al. (2017). Attention is all you need. *Advances in Neural Information Processing Systems (NeurIPS), 30.*

Vaucher, A. C., Zipoli, F., Geluykens, J., Nair, V. H., Schwaller, P. y Laino, T. (2020). Automated extraction of chemical synthesis actions from experimental procedures. *Nature Communications, 11,* 3601.

Venter, J. C., Levy, S., Sutton, G. et al. (2007). The diploid genome sequence of an individual human. *PLOS Biology, 6(10),* e254.

Vest, C. M. (2011). *Pursuing the Endless Frontier.* The MIT Press.

Von Neumann, J. (1945). *First Draft of a Report on the EDVAC.* University of Pennsylvania.

Wilkinson, M. D., Dumontier, M., Aalbersberg, I. J. et al. (2016). The FAIR Guiding Principles for scientific data management and stewardship. *Scientific Data, 3,* 160018.

Wilson, K. G. (1983). The renormalization group and critical phenomena. *Reviews of Modern Physics, 55(3),* 583-600.

York, D. G., Adelman, J., Anderson, J. E. Jr. et al. (2000). The Sloan Digital Sky Survey: Technical summary. *The Astronomical Journal, 120(3),* 1579-1587.

Zhong, M., Tran, K., Min, Y., Wang, C., Wang, Z., Dinh, C.-T. et al. (2020). Accelerated discovery of CO_2 electrocatalysts using active machine learning. *Nature, 581,* 178-183.

2

IA DESDE CERO:
ALGORITMOS QUE APRENDEN

«Las máquinas no piensan, pero pueden aprender
a actuar como si lo hicieran.»

ARTHUR SAMUEL, pionero del aprendizaje automático

EL NACIMIENTO DE LAS MÁQUINAS QUE APRENDEN

Imagina que intentas enseñar a una niña a reconocer qué es un gato. Simplemente le muestras fotografías: «Esto es un gato. Esto también. Esto no, esto es un perro». Después de ver suficientes ejemplos, la niña desarrolla una intuición que le permite identificar gatos que nunca había visto, incluso aquellos de razas exóticas o en poses inusuales. Este proceso, tan natural para los humanos —aprender de ejemplos sin necesidad de reglas explícitas— fue durante décadas el santo grial de la IA, un objetivo que parecía perpetuamente fuera del alcance de las máquinas.

Las máquinas sabían hacer cálculos a velocidades asombrosas, pero necesitaban instrucciones precisas para cada pequeña tarea. Si querías que un ordenador reconociera un gato, tenías que escribir reglas del tipo: «Si tiene dos orejas puntiagudas, bigotes, cuatro patas y una cola, entonces es un gato». El problema es que hay gatos sin cola, gatos con las orejas gachas, gatos fotografiados de lado donde solo se ve una oreja, gatos de pelaje tan largo que no se distinguen las patas... Las reglas nunca eran suficientes. Cada vez que añadías una regla para cubrir un caso especial, aparecían diez casos más que no encajaban. Era un juego imposible de ganar.

En 1959, un investigador llamado Arthur Samuel decidió probar algo radicalmente diferente. Samuel trabajaba en IBM, la empresa de ordenadores más importante de la época, y le apasionaba el juego de las damas. En lugar de escribir todas las reglas posibles para que un ordenador jugara bien a las damas —algo que habría requerido anticipar millones de situaciones—, creó un programa que podía mejorar con la práctica. El ordenador jugaba partidas, recordaba qué movimientos le habían llevado a ganar y cuáles a perder, y poco a poco iba descartando las malas jugadas y repitiendo las buenas (Samuel, 1959).

Fuente: IBM.

Figura 2.1.—El nacimiento del aprendizaje automático.

Arthur Samuel frente al IBM 701, mostrando su programa de damas el 24 de febrero de 1956, en la primera exhibición televisada de una máquina capaz de aprender. En lugar de programar cada jugada posible, Samuel diseñó un sistema que mejoraba con la práctica, derrotando eventualmente a su propio creador. Este momento histórico acuñó el término *machine learning* y demostró por primera vez que las máquinas podían adquirir habilidades que no habían sido explícitamente programadas.

Lo asombroso fue que, después de jugar miles de partidas contra sí mismo, el programa empezó a ganar a su propio creador. Samuel había demostrado algo revolucionario: las máquinas podían aprender de la experiencia sin que nadie les dijera explícitamente qué hacer. Bautizó este enfoque como «aprendizaje automático» (*machine learning,* en inglés), expresión que ha perdurado hasta hoy (Mitchell, 1997).

En realidad, la idea de imitar al cerebro humano venía de más atrás. En 1943, en plena Segunda Guerra Mundial, los científicos Warren McCulloch y Walter Pitts se preguntaron si se podría construir algo parecido a una neurona con cables y circuitos (McCulloch y Pitts, 1943). Las neuronas son las células que forman nuestro cerebro, pequeñísimas unidades que reciben señales de otras neuronas, las procesan, y deciden si enviar una señal a las siguientes o quedarse calladas. Tenemos unos ochenta mil millones de ellas, cada una conectada a miles de vecinas, formando una red de una complejidad inimaginable.

McCulloch y Pitts demostraron que, en principio, se podía simular este comportamiento con matemáticas. Su «neurona artificial» era extraordinariamente simple comparada con una neurona real (que tiene miles de conexiones y procesos químicos complejísimos), pero abrió una puerta que nadie había imaginado: quizá las máquinas podrían pensar si lográbamos conectar muchas de estas neuronas artificiales, igual que el cerebro conecta miles de millones de neuronas reales. Era una idea loca, casi de ciencia ficción, pero matemáticamente sólida.

En los años cincuenta el entusiasmo era desbordante. Un psicólogo llamado Frank Rosenblatt, que trabajaba para la Marina de Estados Unidos, construyó una máquina del tamaño de una habitación llamada «perceptrón», que podía aprender a distinguir formas simples: triángulos de cuadrados o letras de números (Rosenblatt, 1958). Funcionaba de una manera sorprendentemente parecida a como creemos que aprende el cerebro: cada vez que acertaba, las conexiones que habían contribuido al acierto se reforzaban, como si la máquina dijera «esto funcionó, voy a recordarlo». Cuando fallaba, esas conexiones se debilitaban. Con suficientes ejemplos, el perceptrón aprendía a clasificar cosas que nunca había visto antes.

Los periódicos de la época publicaron titulares sensacionalistas anunciando el nacimiento de máquinas pensantes. El *New York Times* proclamó que el perceptrón era «el embrión de un ordenador que podrá caminar, hablar, ver, escribir, reproducirse y ser consciente de su existencia». El ejército estadounidense, que financiaba estas investigaciones, esperaba tener pronto ordenadores capaces de reconocer aviones enemigos, traducir mensajes en ruso automáticamente o incluso leer los pensamientos de los espías. La ciencia ficción parecía estar a punto de hacerse realidad.

Pero entonces llegó el jarro de agua fría. En 1969, dos matemáticos muy respetados —Marvin Minsky y Seymour Papert, ambos miembros del prestigioso MIT— publicaron un libro que demostraba las limitaciones del perceptrón (Minsky y Papert, 1969). El problema era que estas máquinas simples no podían resolver algunos problemas aparentemente triviales. Consideremos el caso de una máquina que debe encender una luz cuando se pulse el botón A o el botón B, pero no cuando se pulsen los dos a la vez (lo que los ingenieros llaman «o exclusivo» o XOR). Parece fácil, ¿verdad?

Pues Minsky y Papert demostraron que un perceptrón simple jamás podría aprenderlo, por muchos ejemplos que le dieras.

Si una máquina no podía ni siquiera resolver un problema tan tonto, ¿cómo iba a reconocer caras o entender el lenguaje humano? Este descubrimiento fue devastador. Los gobiernos dejaron de financiar la investigación en «redes neuronales» (como se llamaban estos sistemas inspirados en el cerebro), los científicos tuvieron que buscar otros temas de estudio y el campo entró en lo que los historiadores llaman el «invierno de la IA»: casi dos décadas de olvido y escepticismo (Crevier, 1993). Los pocos investigadores que seguían creyendo en las redes neuronales eran vistos como soñadores obstinados que no aceptaban la realidad. Tenían que disfrazar su trabajo con otros nombres para conseguir financiación.

Lo irónico es que la solución al problema ya se conocía en teoría: bastaba con apilar varias capas de neuronas artificiales, una encima de otra, en lugar de usar una sola capa. Es como la diferencia entre un equipo de fútbol donde todos los jugadores intentan marcar goles directamente, y uno donde hay defensas, centrocampistas y delanteros que colaboran. Con varias capas, las neuronas de la primera podían detectar cosas simples (líneas, esquinas), las de la segunda combinar esas cosas en formas más complejas (curvas, ángulos) y las de la tercera reconocer patrones completos (caras, letras). El problema era que nadie sabía cómo enseñar a estas redes multicapa. Cuando la red se equivocaba, ¿cómo saber cuál de los miles de conexiones internas era la culpable del error?

La respuesta llegó en 1986, cuando tres investigadores —David Rumelhart, Geoffrey Hinton y Ronald Williams— publicaron un método para enseñar a estas redes profundas (Rumelhart et al., 1986). Geoffrey Hinton recibiría el premio Nobel de Física muchos años después, en 2024, por su trabajo pionero en IA (*Nobel Prize in Physics*, 2024). La idea, llamada «retropropagación» (o *backpropagation* en inglés), es sorprendentemente elegante. Pensemos en una cadena de montaje donde cada trabajador modifica un poco el producto que le llega y lo pasa al siguiente. Si al final del proceso el producto sale defectuoso, ¿cómo saber quién cometió el error? Lo que hace la retropropagación es ir hacia atrás, desde el final hasta el principio, calculando exactamente cuánto contribuyó cada trabajador al defecto final. Si un trabajador apenas tocó el producto, su «culpa» es pequeña. Si lo modificó mucho, su culpa es mayor. Con esta información, cada trabajador puede ajustar su manera de trabajar para que el próximo producto salga mejor.

Este descubrimiento desbloqueó el potencial de las redes neuronales, aunque el renacimiento completo tardaría aún dos décadas más. Los ordenadores de 1986 eran demasiado lentos para entrenar redes grandes, y no había suficientes datos digitales con los que alimentarlas. Es como tener los planos de un avión, pero carecer de motores suficientemente potentes y de combustible para hacerlo volar. La verdadera revolución llegaría cuando Internet inundó el mundo de fotografías, textos y vídeos (el combustible), y cuando las tarjetas gráficas de los videojuegos resultaron ser perfectas para el tipo de cálculos que necesitan las redes neuronales (los motores).

ACLARANDO CONCEPTOS: IA, APRENDIZAJE AUTOMÁTICO Y APRENDIZAJE PROFUNDO

Antes de continuar, conviene hacer una pausa para aclarar tres términos que aparecen constantemente en cualquier conversación sobre este campo y que a menudo se usan de forma intercambiable, aunque no sean exactamente lo mismo: IA, aprendizaje automático y aprendizaje profundo. Entender la relación entre estos tres conceptos es fundamental para poder navegar en el paisaje actual de la tecnología.

El término IA es el paraguas más amplio. Según la definición clásica del libro de referencia de Stuart Russell y Peter Norvig, la IA es «el diseño y construcción de agentes inteligentes que reciben percepciones del entorno y realizan acciones que afectan a ese entorno» (Russell y Norvig, 2020). En otras palabras, cualquier sistema que perciba su entorno y tome decisiones para alcanzar objetivos puede considerarse, en algún sentido, IA. Esto incluye desde los primeros programas de ajedrez de los años cincuenta, que seguían reglas escritas por humanos, hasta los asistentes de voz actuales que responden a nuestras preguntas.

Dentro de este amplio campo, el *aprendizaje automático (machine learning)* representa un enfoque particular: en lugar de programar explícitamente todas las reglas que debe seguir el sistema, le damos datos y dejamos que el propio sistema descubra los patrones. Como ya mencionamos, Arthur Samuel lo definió como «el campo de estudio que da a los ordenadores la capacidad de aprender sin ser programados explícitamente». El aprendizaje automático es, por tanto, un subconjunto de la IA, una forma específica de conseguir comportamiento inteligente.

Y el *aprendizaje profundo (deep learning)* es, a su vez, un subconjunto del aprendizaje automático. Se refiere específicamente a las redes neuronales con muchas capas —«profundas»— que han demostrado ser extraordinariamente eficaces para tareas como el reconocimiento de imágenes, el procesamiento del lenguaje natural o la generación de contenido. La «profundidad» de estas redes les permite aprender representaciones cada vez más abstractas de los datos, desde los píxeles crudos de una imagen hasta conceptos complejos como «este es un *golden retriever* jugando en la playa».

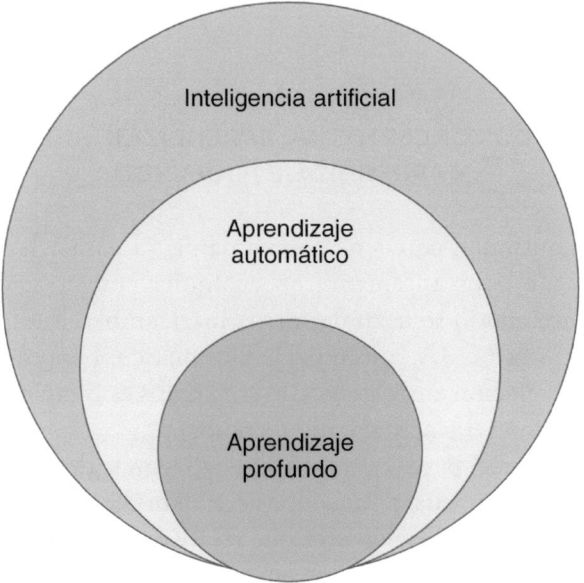

Fuente: elaboración propia.

Figura 2.2.—IA, aprendizaje automático y aprendizaje profundo: una relación de muñecas rusas.

Diagrama de círculos concéntricos que ilustra la jerarquía entre los tres conceptos fundamentales del campo. La inteligencia artificial (círculo superior) es el paraguas más amplio: cualquier sistema diseñado para percibir su entorno y tomar decisiones puede considerarse IA. Dentro de ella, el aprendizaje automático (círculo intermedio) agrupa las técnicas que permiten a las máquinas aprender de datos sin ser programadas explícitamente para cada tarea. El aprendizaje profundo (círculo inferior) representa un subconjunto específico: las redes neuronales con múltiples capas que han revolucionado el campo en la última década. Aunque el aprendizaje profundo ocupa solo una fracción del diagrama, en la práctica actual domina la mayoría de las aplicaciones más exitosas de la IA.

En esta clasificación hay un matiz importante que refleja la evolución del campo. Si en 2010 el aprendizaje profundo era solo una pequeña porción del aprendizaje automático, hoy en día domina casi por completo el panorama. La inmensa mayoría de los avances espectaculares que leemos en las noticias —desde los modelos de lenguaje como ChatGPT hasta los sistemas de reconocimiento facial o los coches autónomos— están basados en técnicas de aprendizaje profundo.

Finalmente, hay otra distinción importante que conviene mencionar: la diferencia entre IA estrecha (o ANI, por sus siglas en inglés: *Artificial Narrow Intelligence*) e *IA general* (AGI, *Artificial General Intelligence*). Toda la IA que existe actualmente es «estrecha»: cada sistema está diseñado para una tarea específica o un conjunto limitado de tareas. El modelo AlphaGo, del que luego hablaremos más en detalle, puede jugar al juego asiático Go mejor que cualquier humano, pero no sabe hacer una tortilla ni mantener una conversación sobre filosofía. Un modelo de lenguaje puede escribir textos sorprendentemente coherentes, pero no puede conducir un coche ni diagnosticar una enfermedad mirando una radiografía (a menos que haya sido entrenado específicamente para ello).

La IA general, en cambio, sería un sistema capaz de realizar cualquier tarea intelectual que pueda hacer un ser humano: aprender nuevas habilidades, razonar sobre problemas desconocidos o transferir conocimiento entre dominios completamente diferentes. Este es el sueño —o la pesadilla, según a quién preguntes— de la ciencia ficción, y por ahora sigue siendo precisamente eso: ficción. Algunos investigadores creen que estamos a décadas de conseguirlo, otros piensan que podría llegar en los próximos años, y otros dudan de que sea posible con los enfoques actuales. Lo que sí es seguro es que todo lo que veremos en este libro, por impresionante que sea, corresponde a la IA estrecha.

TRES FORMAS DE APRENDER: CON PROFESOR, SIN PROFESOR Y A BASE DE PREMIOS

Ahora piensa en todas las formas en que aprendemos los humanos a lo largo de nuestra vida. A veces tenemos un profesor que nos corrige: hacemos un ejercicio de matemáticas, el profesor lo revisa, nos dice qué hemos hecho bien y qué mal, y poco a poco vamos mejorando. Otras veces aprendemos solos, explorando el mundo: un bebé que juega con bloques de colores va descubriendo por sí mismo que los rojos se parecen entre sí y son diferentes de los azules, sin que nadie le haya explicado qué es un color ni le haya dado un nombre para cada uno. Y a veces aprendemos a base de ensayo y error, buscando recompensas: el perro que aprende a sentarse porque cada vez que lo hace le dan una galleta o el niño que descubre que si llora le hacen caso.

Las máquinas que aprenden funcionan de maneras sorprendentemente parecidas, y los científicos han bautizado estas tres formas de aprendizaje artificial con nombres que suenan muy técnicos pero que en el fondo describen ideas muy sencillas: aprendizaje supervisado (con profesor), aprendizaje no supervisado (sin profesor) y aprendizaje por refuerzo (a base de premios y castigos) (Goodfellow et al., 2016). Entender estas tres categorías es fundamental para comprender cómo la IA está transformando el mundo, desde los filtros de spam en tu correo electrónico hasta los coches que conducen solos.

El aprendizaje supervisado es el más parecido a estudiar con un profesor particular. Supongamos que quieres enseñar a un ordenador a distinguir fotos de perros de fotos de gatos. Le muestras miles de fotografías, y debajo de cada una le dices: «Esto es un perro. Esto es un gato. Esto también es un gato. Esto es un perro». Al principio, el ordenador no tiene ni la menor idea de qué hace diferentes a los perros de los gatos. No sabe qué es un hocico, ni unas orejas puntiagudas ni un rabo peludo. Solo ve una cuadrícula de puntos de colores.

Pero con cada foto que ve, el ordenador intenta adivinar, y tú le dices si ha acertado o se ha equivocado. Si ha fallado, el ordenador ajusta un poquito sus «criterios internos» (que en realidad son simplemente números guardados en su memoria) para que la próxima vez ese tipo de error sea menos probable. Después de ver suficientes ejemplos —a veces cientos de miles o incluso millones— el ordenador desarrolla algo parecido a una intuición: puede mirar una foto de un gato que jamás había visto, de una raza exótica, en una pose extraña, con mala iluminación, y reconocerlo como gato, aunque no sepa explicar exactamente por qué. Ha aprendido los patrones invisibles que distinguen a los gatos de los perros.

Este tipo de aprendizaje se usa hoy para cosas que hace apenas diez años parecían ciencia ficción. Tu correo electrónico separa automáticamente el spam de los mensajes importantes gracias a un sistema que aprendió de millones de correos previamente etiquetados como «spam» o «no spam» por personas reales. Los médicos usan programas que han aprendido de miles de radiografías etiquetadas por expertos, y que ahora pueden detectar tumores tan bien o mejor que un radiólogo humano. Los bancos detectan fraudes porque sus sistemas han estudiado millones de transacciones pasadas y han aprendido a distinguir las normales de las sospechosas. En todos estos casos, el «profesor» es el conjunto de datos etiquetados: ejemplos del pasado donde ya conocemos la respuesta correcta.

Pero etiquetar datos es caro y lleva mucho tiempo. Pongamos que quieres que un ordenador aprenda a reconocer enfermedades raras mirando escáneres cerebrales. Necesitarías que un neurólogo experto —de los que hay pocos en el mundo y, que, por otro lado, cobran mucho por hora— mirara miles de imágenes y anotara cuáles muestran la enfermedad y cuáles no. Eso podría llevar meses de trabajo de un especialista. Y para algunas enfermedades extremadamente raras quizá ni siquiera existan mil casos documentados en todo el mundo.

Por eso existe el aprendizaje no supervisado, que funciona sin esas etiquetas que tanto cuestan conseguir. Consideremos una tienda *online* con millones de clientes. Nadie ha clasificado a esos clientes en categorías, pero si le das al ordenador los datos de compras —qué compra cada uno, a qué hora, con qué frecuencia, cuánto gasta, qué productos mira sin comprar—, el sistema puede descubrir por sí solo que hay grupos naturales. Están los que compran productos de lujo sin mirar el precio; los cazadores de ofertas que solo compran en rebajas; los padres que compran juguetes antes de Navidad y de los cumpleaños; los noctámbulos que hacen pedidos a las tres de la madrugada; los que siempre compran lo mismo y los que siempre prueban novedades... Nadie programó estas categorías, sino que emergieron de los propios datos, como las constelaciones emergen de un cielo estrellado cuando alguien las mira con atención.

La tercera forma de aprender —el aprendizaje por refuerzo— es quizá la más fascinante, porque se parece muchísimo a cómo aprenden los animales, incluidos los humanos. Piensa en un perro aprendiendo trucos. Nadie le explica la física del salto ni le muestra vídeos de otros perros saltando ni le dibuja diagramas en una pizarra. Simplemente, cada vez que hace algo parecido a lo que quieres, le das una golosina. Al principio salta de cualquier manera, torpe y desorientado, pero poco a poco descubre que ciertos movimientos producen más golosinas y empieza a repetirlos. El refuerzo —la golosina— moldea su comportamiento sin que nadie le haya dado instrucciones explícitas (Sutton y Barto, 2018).

Los ordenadores pueden aprender exactamente de la misma manera. Le das al programa una tarea (ganar en un videojuego, mover un robot por una habitación sin chocar, gestionar una cartera de inversiones) y le defines qué cuenta como «premio» (puntuación alta en el juego, llegar al destino, ganar dinero) y qué como «castigo» (perder vidas, chocar con algo, perder dinero). Al principio, el programa hace cosas completamente al azar, la mayoría desastrosas. Pero cada vez que hace algo que le acerca al premio, aunque sea por pura casualidad, refuerza esa acción. Con millones de intentos —que un ordenador puede hacer en horas mientras que un humano tardaría siglos—, el programa descubre estrategias que nadie le enseñó, y a veces estrategias que ningún humano había imaginado.

El momento en que el mundo entero se dio cuenta del poder del aprendizaje por refuerzo fue en marzo de 2016, cuando un programa llamado *AlphaGo* derrotó al campeón mundial de Go, un juego de mesa inventado en China hace más de 2.500 años (Silver et al., 2016). Go parece simple a primera vista: dos jugadores colocan alternativamente fichas blancas y negras en un tablero cuadriculado, intentando rodear territorio. Pero su complejidad es absolutamente abrumadora. El número de posibles partidas de Go es mayor que el número de átomos en el universo observable. Así, es imposible que un ordenador pruebe todas las jugadas posibles, como más o menos puede hacer con el ajedrez. Durante décadas, los mejores programas de Go jugaban al nivel de un aficionado mediocre, y los expertos del campo pensaban que faltarían al menos otras dos décadas para que una máquina pudiera competir seriamente con un profesional humano. AlphaGo demostró que estaban muy equivocados. Lo que hizo AlphaGo fue diferente a todo lo anterior. Primero, estudió millones de partidas jugadas por humanos expertos, aprendiendo los patrones básicos del juego —algo así como aprender las reglas de etiqueta antes de asistir a una fiesta elegante—. Después, jugó millones de partidas contra sí mismo, descubriendo estrategias que iban más allá de lo que los humanos habían imaginado en 2.500 años de historia.

Lo que más impresionó a los expertos no fue solo que AlphaGo ganara (4 partidas a 1 contra Lee Sedol, considerado uno de los mejores jugadores de todos los tiempos), sino cómo jugó. En una partida memorable, AlphaGo hizo un movimiento tan extraño, tan alejado de todo lo que se consideraba «buena técnica», que los comentaristas profesionales pensaron que era un error del programa. Nadie había visto nada parecido en toda la historia

Figura 2.3.—El momento que cambió la historia de la IA.

Lee Sedol, considerado uno de los mejores jugadores de Go de todos los tiempos, analiza el tablero durante su enfrentamiento histórico contra AlphaGo en marzo de 2016 en Seúl. AlphaGo (abajo) ganó el enfrentamiento 4-1. El «movimiento 37» realizado por AlphaGo —una jugada tan inesperada que los expertos la consideraron un error hasta que resultó ser brillante— se ha convertido en símbolo de cómo la IA puede descubrir estrategias que escapan a milenios de sabiduría humana acumulada.

del Go (lo que posteriormente se ha conocido como «el movimiento 37»). Pero resultó ser una jugada brillante que acabó dándole la victoria. «No es un movimiento humano», dijo un experto atónito. «Es hermoso». La máquina había descubierto algo genuinamente nuevo, algo que generaciones de maestros habían pasado por alto. No solo había ganado, sino que había hecho un descubrimiento.

Bajar la montaña a ciegas: cómo aprenden las máquinas paso a paso

Ahora que sabemos qué tipos de aprendizaje existen, viene la pregunta del millón: ¿cómo aprenden exactamente las máquinas? Cuando decimos que un programa «ajusta sus criterios internos» o «refuerza las conexiones que funcionaron», ¿qué significa eso en la práctica?, ¿qué operaciones matemáticas están ocurriendo dentro del ordenador? La respuesta es un método que tiene un nombre intimidante —«descenso del gradiente»—, pero que en realidad se puede entender con una imagen muy simple (Goodfellow et al., 2016).

Supongamos que te dejan en la cima de una montaña en plena noche, completamente a oscuras, sin linterna, sin luna, sin estrellas. No ves absolutamente nada. Tu objetivo es llegar al punto más bajo del valle. ¿Qué harías? Lo más sensato sería tantear con los pies. ¿Hacia dónde baja el suelo? Das un pasito en esa dirección. Vuelves a tantear. ¿Sigue bajando por ahí? Otro pasito. Y así, paso a paso, sin ver nada, acabarías llegando a algún punto bajo donde el suelo ya no baja en ninguna dirección. Puede que no sea el punto más bajo de toda la cordillera —quizá has llegado a un pequeño valle entre dos montañas y hay otro valle más profundo al otro lado—, pero al menos has descendido mucho desde donde empezaste.

Esto es exactamente lo que hace una red neuronal cuando aprende. La «montaña» representa lo mal que lo está haciendo la red en ese momento: cuanto más arriba estás, más errores comete el modelo. El «valle» es el punto donde los errores son mínimos, el lugar al que queremos llegar. Y el «terreno» está definido por todos los números que la red tiene guardados en su memoria. Si tienes una red con un millón de estos números (lo que los técnicos llaman «pesos» o «parámetros»), tu montaña tiene un millón de dimensiones. Suena imposible de visualizar —nuestro cerebro está diseñado para tres dimensiones como máximo—, pero las matemáticas funcionan exactamente igual: siempre puedes calcular «hacia dónde baja» y dar un pasito en esa dirección.

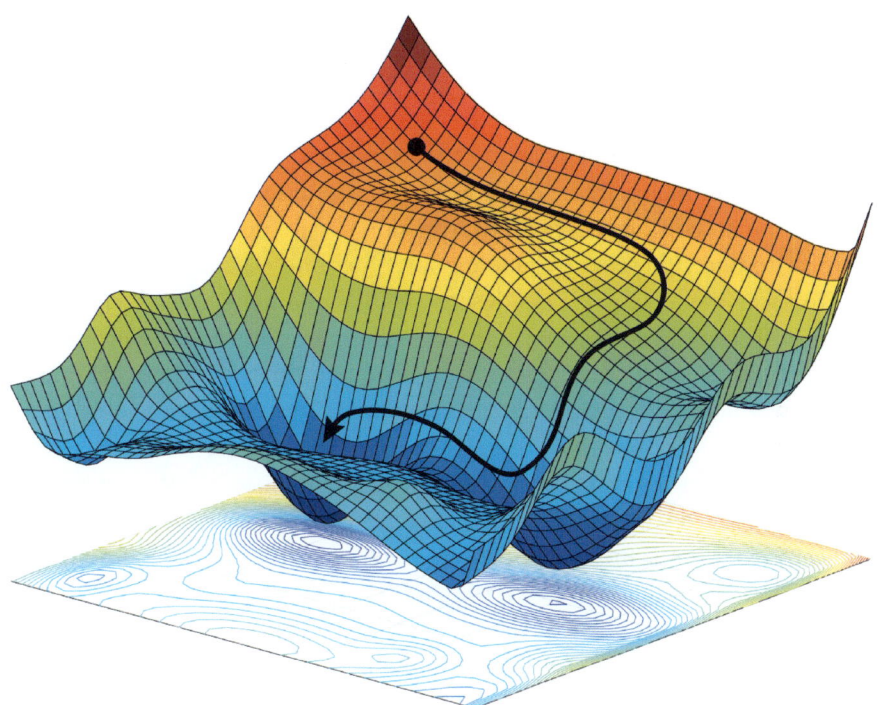

FUENTE: Alexander Amini y Daniela Rus. Massachusetts Institute of Technology, Adaptado por M. Atarod/*Science*. Obtenida de https://l1nq.com/4ocuu

Figura 2.4.—Bajar la montaña a ciegas: visualización del descenso del gradiente.

Representación tridimensional del «paisaje de error» que una red neuronal debe navegar durante el aprendizaje. La altura de la superficie (codificada en colores: rojo = máximo error, azul = mínimo error) representa lo mal que lo está haciendo el modelo con unos parámetros determinados. El punto negro marca el inicio del entrenamiento, con valores aleatorios y errores elevados. La línea negra muestra la trayectoria que sigue el algoritmo de descenso del gradiente: en cada paso, «tantea» la pendiente local y avanza un poco hacia abajo, zigzagueando por el terreno hasta llegar a un valle (zona azul) donde el error es mínimo. El mapa de curvas de nivel en la base muestra la misma información vista desde arriba, como un mapa topográfico. Nótese que el paisaje tiene múltiples valles: el algoritmo puede quedar atrapado en un mínimo local sin alcanzar el mínimo global más profundo.

Veamos un ejemplo más concreto. Supongamos que estamos enseñando a una red a reconocer si una foto contiene un gato o un perro. La red recibe una foto de un gato —aunque ella no sabe que es un gato, pues solo ve una cuadrícula de números que representan colores— y después de hacer sus cálculos dice: «Creo que esto es un perro con un 70% de confianza». Se ha equivocado, y se ha equivocado bastante, porque estaba muy segura de algo incorrecto.

Ahora medimos lo grande que es ese error (en este caso, bastante grande). Esa medida del error es nuestra «altura en la montaña». Lo que queremos es cambiar los números internos de la red —los millones de pequeños valores que determinan cómo procesa la información— para que la próxima vez que vea una foto parecida se equivoque menos. Queremos «bajar la montaña» un poquito. Aquí viene la magia del descenso del gradiente. Para cada uno de los números internos de la red, calculamos: «Si aumento un poquito este número, ¿el error total sube o baja? ¿Y si lo bajo un poquito?». Esto nos da una especie de brújula que indica, para cada número, si debemos subirlo o bajarlo para mejorar. Luego movemos todos los números un poquito en la dirección correcta, simultáneamente. No mucho, porque si damos pasos muy grandes podemos pasarnos y acabar peor que antes. Pero tampoco muy poco, porque entonces tardaríamos una eternidad en mejorar.

Encontrar el tamaño correcto del paso (lo que los expertos llaman «tasa de aprendizaje») es uno de los trucos del oficio. Si el paso es demasiado grande, el aprendizaje se vuelve caótico; es como bajar una montaña dando saltos tan grandes que acabas al otro lado del valle y más arriba de donde empezaste. Si el paso es demasiado pequeño, el aprendizaje es lentísimo; es como bajar una montaña dando pasos de hormiga, técnicamente correcto pero desesperadamente lento. Los buenos ingenieros de IA dedican mucho tiempo a encontrar el paso justo, que suele estar en algún punto intermedio.

Este proceso se repite miles o millones de veces. Cada vez, la red ve un ejemplo (o un grupo de ejemplos), mide su error, calcula hacia dónde «baja la montaña» y da un pasito en esa dirección. Poco a poco los errores se van reduciendo. Es como cuando aprendes a montar en bicicleta: al principio te caes constantemente, pero cada caída te enseña algo (quizá que te inclinaste demasiado a la izquierda), y vas haciendo pequeños ajustes hasta que, casi sin darte cuenta, puedes mantener el equilibrio durante kilómetros.

Una pregunta obvia es: ¿cómo sabe la red qué número interno ajustar cuando hay millones de ellos? Pensemos en una fábrica con mil trabajadores en cadena y donde el producto final sale defectuoso. ¿Cómo saber quién tiene la culpa? ¿El primero que tocó las materias primas? ¿El último que hizo el empaquetado? ¿Alguien del medio? Lo que hace la red es ir hacia atrás, desde el final hasta el principio, calculando exactamente cuánto influyó cada trabajador en el defecto final. Esta técnica es la famosa «retropropagación» de la que hablamos antes. Gracias a ella podemos ajustar millones de números de manera coherente, aunque estén organizados en capas dentro de capas que a su vez están dentro de otras capas.

Hay un problema práctico importante. Si tienes millones de fotos de entrenamiento, calcular el error promedio sobre todas ellas antes de dar cada pasito sería tremendamente lento. Es como si, antes de mover el pie, tuvieras que recorrer toda la montaña para calcular la pendiente media en todos los puntos. Así que en la práctica se hace algo más inteligente: en lugar de mirar todas las fotos, miras un puñadito al azar (quizá 32 o 64), calculas el error sobre ese puñadito y das un pasito basándote en eso (Bottou, 2010).

El error que calculas no es exacto —es solo una estimación basada en unas pocas fotos—, pero resulta que es una aproximación razonable. Y como repites este proceso millones de veces con puñaditos diferentes, los errores de aproximación se van promediando y compensando. Es como hacer encuestas políticas: no preguntas a todos los ciudadanos del país, sino a una muestra aleatoria, y aunque cada muestra individual tiene cierto margen de error, el promedio de muchas muestras te da una imagen bastante fiable de la realidad.

Y aquí viene algo sorprendente: el factor aleatorio no es solo una forma de ahorrar tiempo, sino que ayuda a aprender mejor. ¿Por qué? Porque evita que te quedes atascado en pequeños valles. Si tu montaña tiene un valle poco profundo y, más allá de una colina, hay un valle mucho más profundo, medir la pendiente con mucha precisión te mantendrá atrapado en el valle poco profundo para siempre: en todas direcciones parece que sube. Pero si mides con un poco de ruido aleatorio, a veces pensarás que la pendiente va hacia un lado aunque realmente vaya hacia el otro, y eso puede darte el empujón necesario para salir del valle malo y encontrar uno mejor. El azar, paradójicamente, ayuda a encontrar mejores soluciones.

A lo largo de los años, los investigadores han inventado muchas mejoras sobre esta idea básica. Una de las más útiles es añadir «inercia» al movimiento, como si en lugar de caminar fueras rodando cuesta abajo. En lugar de mirar solo la pendiente donde estás ahora, también recuerdas hacia dónde venías moviéndote. Si llevas varios pasos yendo hacia la derecha, aunque ahora la pendiente diga «ve un poco a la izquierda», sigues yendo hacia la derecha porque tienes impulso. Esto ayuda a avanzar más rápido por valles largos y estrechos, donde la pendiente simple te haría zigzaguear de un lado a otro sin avanzar hacia el fondo.

Todo este proceso de aprendizaje ocurre en lo que los ingenieros llaman la «fase de entrenamiento». Durante esta fase, la red ve millones de ejemplos, ajusta sus números internos paso a paso y, poco a poco, aprende a hacer predicciones correctas. Una vez entrenada, la red se «congela»: sus números ya no cambian, y puede usarse para hacer predicciones sobre datos completamente nuevos. Es como la diferencia entre un estudiante de medicina que está en la facultad (leyendo libros, haciendo prácticas, recibiendo correcciones de sus profesores) y un médico ya formado que usa lo que aprendió para diagnosticar pacientes reales. El entrenamiento puede llevar días, semanas o incluso meses usando ordenadores muy potentes, pero, una vez terminado, hacer predicciones es casi instantáneo.

CAPAS SOBRE CAPAS: CÓMO LAS REDES CONSTRUYEN CONOCIMIENTO

Ya sabemos que las redes neuronales están formadas por neuronas artificiales organizadas en capas y que aprenden ajustando los números que controlan sus conexiones. Pero ¿por qué las capas son tan importantes? ¿Qué pasa exactamente dentro de cada una? Para entenderlo, vamos a recorrer paso a paso cómo construiríamos una red capaz de reconocer rostros humanos, una tarea que para nosotros es trivial pero que durante décadas fue imposible para las máquinas.

Empecemos por el principio: ¿qué «ve» un ordenador cuando le das una fotografía? Para nosotros, una foto de un rostro es inmediatamente reconocible como tal. Vemos ojos, nariz, boca, pelo; captamos la expresión y quizá incluso el estado de ánimo de la persona. Pero un ordenador no ve nada de eso. Una fotografía digital no es más que una cuadrícula de puntos de colores, llamados píxeles. Una foto típica de un *smartphone* tiene varios millones de píxeles, y cada uno tiene un número que indica su color (mezcla de rojo, verde y azul) y su brillo. Para el ordenador, la foto es simplemente una lista larguísima de números, sin ningún significado inherente. No hay nada en esos números que diga «aquí hay un ojo» o «esto es una nariz». Toda esa interpretación tiene que construirla la red desde cero.

La primera capa de una red que procesa imágenes aprende a detectar cosas muy básicas: bordes. Un borde es simplemente un lugar donde el color o el brillo cambian bruscamente, como el límite entre un objeto y el fondo, o el contorno de una sombra, o la línea donde termina una mejilla y empieza el cuello. Detectar bordes no es muy impresionante por sí solo —las cámaras digitales saben hacerlo desde hace décadas para enfocar automáticamente—, pero es un primer paso absolutamente fundamental. Una vez que la primera capa ha marcado todos los bordes de la imagen, la segunda capa puede trabajar con información un poco más organizada.

La segunda capa aprende a combinar bordes en formas simples: una esquina es donde se juntan dos bordes en ángulo; una curva es una sucesión de bordes que van girando poco a poco; y un patrón de líneas paralelas puede indicar una textura, como las rayas de una cebra o las tejas de un tejado. Fíjate en cómo cada capa construye sobre la anterior: la primera capa solo ve píxeles individuales y produce bordes; la segunda capa ve bordes y produce formas geométricas básicas. Ninguna capa tiene que lidiar con la complejidad total de la imagen original; cada una se especializa en un nivel de detalle concreto.

La tercera y cuarta capas empiezan a detectar partes de objetos que ya tienen algo de significado para nosotros: algo parecido a un ojo (un círculo con un punto oscuro dentro), algo parecido a una nariz (un triángulo con sombras características a los lados), algo parecido a una boca (una forma ovalada horizontal, quizá con una línea más oscura en medio que indica los labios)... Estas neuronas no «saben» que están detectando ojos o narices —no tienen ningún concepto de anatomía humana, ni siquiera saben que los humanos existen—, pero han aprendido que esos patrones visuales son útiles para la tarea final de reconocer caras.

Las capas más profundas combinan estas partes en conceptos cada vez más completos: si hay dos cosas parecidas a ojos más o menos a la misma altura, una cosa parecida a una nariz debajo y en el centro, y una cosa parecida a una boca aún más abajo, probablemente estamos viendo una cara humana. Las capas finales ya pueden tomar decisiones: ¿es esta cara la de Juan o la de María? ¿Está sonriendo o enfadada? ¿Mira hacia la cámara o hacia un lado? Todo este proceso —desde los píxeles crudos hasta la identificación de personas concretas— ocurre en una fracción de segundo cuando usas el desbloqueo facial de tu móvil, pero cada capa ha contribuido transformando la información hacia formas más abstractas y más útiles para la siguiente.

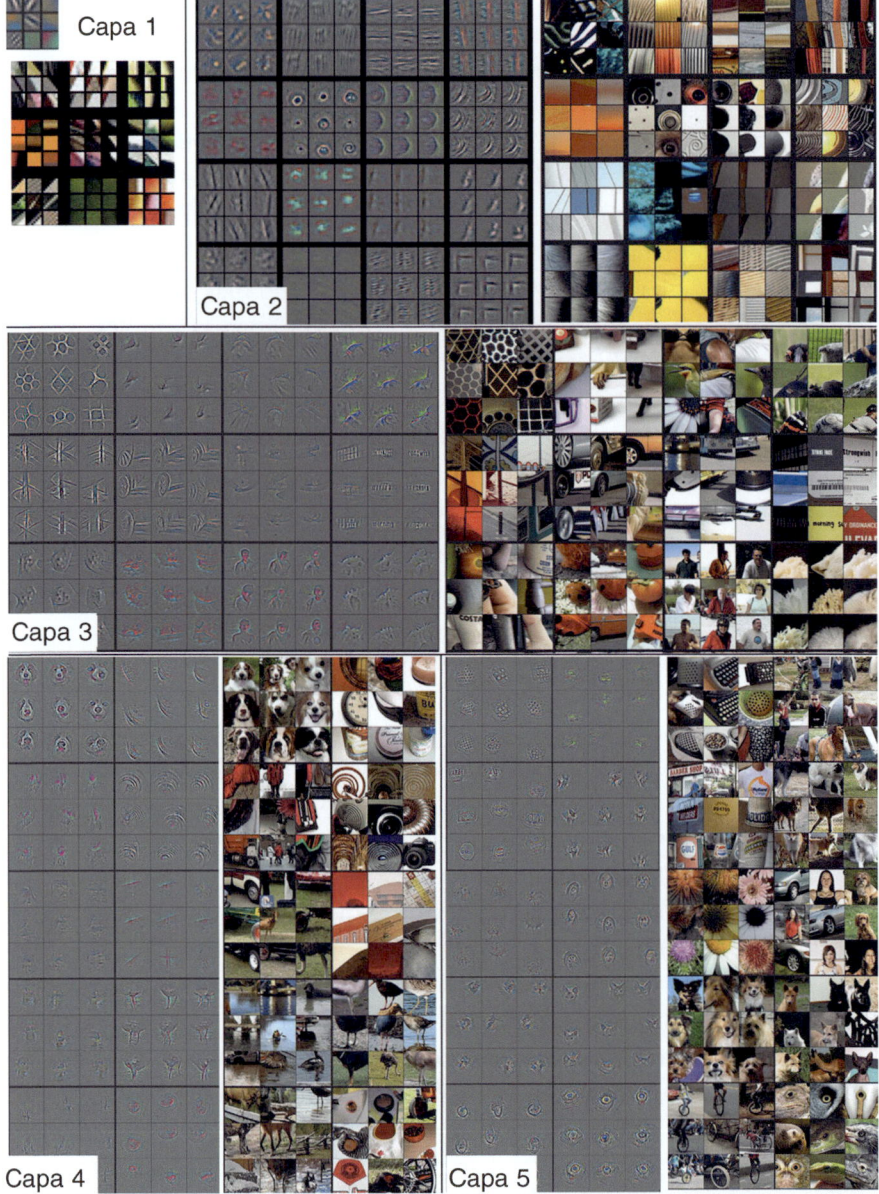

FUENTE: Zeiler, M. D. y Fergus, R. (2014). *Visualizing and Understanding Convolutional Networks*. arXiv:1311.2901.

Figura 2.5.—Lo que «ve» cada capa de una red neuronal profunda.

Visualización de las características aprendidas por una red convolucional (ZFNet) en sus cinco capas sucesivas. Para cada capa se muestran los patrones que activan las neuronas (izquierda) y ejemplos de imágenes reales que producen esas activaciones (derecha). La **capa 1** detecta únicamente colores y bordes orientados en distintas direcciones. La **capa 2** reconoce texturas, esquinas y patrones repetitivos, como rejillas o rayas. La **capa 3** comienza a identificar formas más complejas: círculos concéntricos, mallas, geometrías regulares... La **capa 4** ya responde a partes de objetos reconocibles: caras de perros, ruedas, patas de animales... Finalmente, la **capa 5** detecta objetos completos y categorías semánticas: perros enteros, flores, personas, carteles... Nótese cómo la complejidad aumenta progresivamente: nadie programó estas representaciones, sino que emergieron automáticamente del proceso de aprendizaje para minimizar errores de clasificación.

Lo verdaderamente asombroso es que nadie programa estas capas diciéndoles «tú detecta bordes, tú detecta ojos, tú detecta caras». Lo único que hacemos es dar a la red miles o millones de fotos etiquetadas con el nombre de la persona que aparece en cada una, y dejar que el proceso de aprendizaje ajuste todos los números internos para minimizar los errores. Las capas se organizan solas, de la manera que resulte más útil para la tarea, sin que ningún humano les diga cómo hacerlo. Es como si le dieras a un arquitecto un terreno y un objetivo («construye algo donde puedan vivir cien familias cómodamente») y él decidiera por sí solo que necesita cimientos, plantas, habitaciones, pasillos, escaleras, ventanas y tejado. La estructura emerge del problema.

Hay un resultado matemático profundo, demostrado en 1989, que explica en parte por qué las redes neuronales son tan poderosas. El teorema de aproximación universal dice que, en teoría, una red con una sola capa intermedia puede aprender a representar cualquier patrón imaginable, si le das suficientes neuronas (Hornik et al., 1989). Suena genial, ¿verdad? Pero tiene una trampa enorme: el número de neuronas que necesitarías podría ser astronómico. Es como decir que puedes construir cualquier edificio del mundo usando solo ladrillos: técnicamente cierto, pero construir un rascacielos de cien plantas con ladrillos uno a uno, sin usar vigas de acero ni hormigón armado, sería ridículamente ineficiente.

Las redes profundas —con muchas capas— son más eficientes precisamente porque aprovechan la estructura jerárquica de los problemas del mundo real. Las imágenes tienen bordes que forman formas que a su vez forman objetos que asimismo forman escenas. El lenguaje tiene letras que forman sílabas que forman palabras que forman frases que forman párrafos. La música tiene notas que forman acordes que forman melodías que forman canciones. En todos estos casos, entender el todo requiere entender las partes, y las partes están organizadas en niveles. Las redes profundas reflejan esta organización natural, dedicando cada capa a un nivel de abstracción diferente.

Pero hay un ingrediente crucial que no hemos mencionado todavía: la no linealidad. Pensemos en qué pasaría si cada neurona simplemente sumara sus entradas (quizá multiplicando cada una por un peso diferente) y pasara el resultado a la siguiente capa. Parece razonable, ¿no? El problema es que, por muy compleja que fuera la red, todo se reduciría a una operación muy simple: una suma ponderada de las entradas originales. Sería como un equipo de contables pasándose números de unos a otros: al final, solo estás sumando las cifras de diferentes maneras. No podrías reconocer gatos, ni traducir idiomas, ni nada que requiera «entender» patrones complejos.

La magia ocurre porque cada neurona, después de sumar sus entradas, aplica una pequeña transformación que «rompe» esa linealidad. La más popular hoy en día se llama ReLU (siglas en inglés de «unidad lineal rectificada»). Lo que hace es trivialmente simple: si el resultado de la suma es positivo, lo deja como está; si es negativo, lo convierte en cero. Es como un filtro que deja pasar los números positivos y bloquea los negativos. Parece una tontería —¿cómo puede algo tan simple hacer algo útil?—, pero esta pequeña decisión de «dejar pasar» o «bloquear» introduce justo la complejidad necesaria para que, combinando muchas neuronas, la red pueda aprender casi cualquier patrón imaginable (Nair y Hinton, 2010).

Además de las redes «normales», donde cada neurona está conectada a todas las de la siguiente capa, existen arquitecturas especializadas para distintos tipos de información. Las redes convolucionales son perfectas para imágenes: en lugar de conectar cada píxel con cada neurona, usan pequeños «filtros» que se deslizan por toda la imagen buscando patrones locales (LeCun et al., 1998). Un filtro que detecta bordes verticales funcionará igual de bien en una esquina de la foto que en el centro. Esto ahorra muchísimas conexiones y hace que las redes aprendan más rápido y con menos ejemplos.

Para texto, audio o cualquier dato que venga en secuencia (donde el orden importa) existen las redes recurrentes. Estas redes tienen una especie de «memoria» que les permite recordar lo que han visto antes mientras procesan lo que están viendo ahora. Así, pueden entender que el «él» de una frase se refiere al «Juan» mencionado tres oraciones atrás, o que el «sin embargo» que viene probablemente contradirá lo que se acaba de decir. Los «transformadores», inventados en 2017, son una versión aún más sofistica-da que puede relacionar directamente cualquier palabra con cualquier otra palabra del texto, por lejos que estén (Vaswani et al., 2017). Son la base de sistemas como ChatGPT, los traductores automáticos modernos y muchas otras aplicaciones que manejan lenguaje.

Lo que todas estas arquitecturas tienen en común es la idea fundamen-tal de construir representaciones cada vez más abstractas, capa tras capa, hasta llegar a una representación tan refinada y concentrada que la tarea fi-nal —sea reconocer un rostro, traducir una frase o detectar una enferme-dad— se vuelve relativamente fácil. Es como pelar una cebolla al revés: en lugar de quitar capas las vamos añadiendo, y cada nueva capa encapsula más significado, más contexto, más comprensión. Esta capacidad de apren-der automáticamente representaciones útiles, sin que nadie tenga que dise-ñarlas a mano, es en el fondo lo que distingue al aprendizaje profundo de los métodos anteriores y la razón de su éxito espectacular.

APRENDER SIN EMPOLLAR: EL PELIGRO DE MEMORIZAR DEMASIADO

Pensemos en un estudiante que se prepara para un examen de historia. Tiene dos estrategias posibles. La primera es entender los grandes procesos históricos: las causas profundas de las revoluciones, las consecuencias a lar-go plazo de las guerras, los patrones que se repiten una y otra vez a lo lar-go de los siglos en diferentes civilizaciones. Con este conocimiento estruc-turado podrá responder preguntas que nunca ha visto antes, porque entiende la lógica subyacente de los acontecimientos históricos. La segun-da estrategia es memorizar las respuestas de exámenes anteriores palabra por palabra, sin intentar entender nada. Si le preguntan exactamente lo mismo que en años pasados, sacará un diez brillante. Pero si cambian aun-que sea una coma de la pregunta estará completamente perdido, porque no ha aprendido historia: ha memorizado texto.

Las redes neuronales pueden caer exactamente en la misma trampa. Si les das demasiada libertad para ajustarse a los datos y pocos ejemplos de los que aprender, tienden a «memorizar» los datos de entrenamiento en lugar de extraer los patrones generales que de verdad importan. Este problema tiene un nombre técnico —«sobreajuste» u *overfitting* en inglés— y es pro-bablemente el mayor dolor de cabeza de cualquier persona que entrene modelos de aprendizaje automático (Goodfellow et al., 2016). Un modelo sobreajustado parece absolutamente brillante cuando lo evalúas con los datos que ya conoce, pero fracasa miserablemente cuando le presentas datos nuevos que no había visto durante el entrenamiento.

¿Por qué ocurre esto? El problema fundamental es que los datos de entrenamiento nunca son perfectos. Contienen ruido: pequeñas variaciones aleatorias que no tienen ningún significado real, casualidades que no se van a repetir. Un modelo demasiado flexible puede confundir ese ruido con información verdaderamente útil. Por ejemplo, supongamos que entrenas una red para predecir si va a llover mañana en tu ciudad, y casualmente todos los días lluviosos de tu conjunto de datos históricos son martes y jueves. La red podría aprender que «los martes y jueves son lluviosos», aunque esto sea pura coincidencia sin ninguna base meteorológica. En los datos de entrenamiento esta «regla» absurda funciona perfectamente; pero en el mundo real, donde llueve cualquier día de la semana, la red fallará estrepitosamente.

La forma más básica de detectar si tu modelo está sobreajustado es separar los datos en dos grupos desde el principio: uno para entrenar y otro para evaluar. Entrenas la red solo con el primer grupo, sin que jamás vea los datos del segundo. Luego la pruebas con ese segundo grupo que nunca ha visto. Si el modelo funciona bien con los datos de entrenamiento, pero mal con los de evaluación, tienes un problema claro de sobreajuste: ha memorizado en lugar de aprender. Es exactamente como darle a un estudiante un examen de práctica para que estudie, y luego evaluarlo con un examen diferente para ver si realmente ha entendido la materia o solo se ha aprendido las respuestas de memoria.

Una técnica para evitar el sobreajuste es la «regularización», que básicamente significa ponerle trabas al modelo para que no pueda volverse demasiado complicado (Krogh y Hertz, 1991). Es como obligar al estudiante a resumir un libro entero en una sola página: tiene que quedarse con lo esencial y descartar los detalles irrelevantes, porque no tiene espacio para todo. En términos técnicos, la regularización añade un «coste» artificial a tener valores extremos en los números internos de la red. Si una conexión particular se vuelve muy fuerte —como si la red estuviera obsesionada con un detalle específico y le diera una importancia desproporcionada—, la regularización la penaliza. Esto empuja a la red hacia soluciones más equilibradas, donde la información está repartida y ningún detalle domina excesivamente.

Otra técnica muy ingeniosa se llama *dropout,* que podría traducirse como «apagón» o «deserción». Durante el entrenamiento, en cada paso elegimos al azar un porcentaje de neuronas (típicamente la mitad) y las «apagamos» temporalmente, como si hubieran dejado de existir (Srivastava et al., 2014). La red tiene que aprender a hacer predicciones sin poder contar con ciertas neuronas, porque nunca sabe cuáles van a estar disponibles. Esto la obliga a no depender demasiado de ninguna neurona individual, a distribuir la información entre muchos caminos alternativos. Es como un equipo de fútbol que entrena cambiando diariamente de posición a los jugadores; todos aprenden a cubrir distintas posiciones, y de esta manera dicho equipo es mucho más resiliente si algún jugador se lesiona o tiene un mal día.

Hay otra estrategia elegante que no cuesta nada extra: simplemente, parar a tiempo. Resulta que el sobreajuste no ocurre de golpe, sino que se desarrolla gradualmente durante el entrenamiento. Al principio, cuando la red todavía no sabe casi nada, mejora rápidamente tanto con los datos de entrenamiento como con los de evaluación. Está aprendiendo los patrones generales correctos que funcionan en todas partes. Pero en cierto punto, algo cambia. El error en los datos de entrenamiento sigue bajando, pero el error en los datos de evaluación empieza a subir. La red ha empezado a memorizar las peculiaridades del conjunto de entrenamiento en lugar de seguir generalizando.

Si paramos el entrenamiento justo antes de este punto de inflexión, obtenemos un modelo que ha aprendido todo lo generalizable y no ha empezado todavía a memorizar. Es como saber el momento exacto de sacar un bizcocho del horno: si lo sacas demasiado pronto estará crudo por dentro, y si lo dejas demasiado tiempo se quemará. Hay un punto justo en el que está perfecto, y encontrar ese punto es parte del arte de entrenar modelos.

Una de las estrategias más poderosas cuando tienes pocos datos de entrenamiento es el «aumentado de datos», que consiste en crear ejemplos artificiales a partir de los que ya tienes (Shorten y Khoshgoftaar, 2019). Si estás entrenando una red para reconocer gatos, puedes coger cada foto real y crear variantes: gírala 10 grados, luego otros 10 en sentido contrario, refleja la imagen horizontalmente, cambia un poco el brillo, añade un ligero desenfoque, recorta un trozo aleatorio... Un gato sigue siendo un gato aunque la foto esté ligeramente inclinada, más oscura o vista desde otro ángulo. Así, con cada foto real puedes generar docenas de variaciones válidas, multiplicando efectivamente la cantidad de datos de entrenamiento.

La red entrenada con estos datos aumentados aprende algo muy valioso: no puede confiar en detalles accidentales, como la orientación exacta de la imagen o el nivel preciso de brillo. Tiene que concentrarse en las características esenciales que definen a un gato, independientemente de las condiciones de la foto. Esto la hace mucho más robusta cuando se enfrenta a fotos reales en condiciones imperfectas: mala iluminación, ángulos extraños, fondos confusos... Ha aprendido a ver más allá de las superficialidades.

Cuando los datos etiquetados son realmente escasos —pongamos que quieres detectar defectos en piezas de una fábrica, pero solo tienes cien fotos de piezas defectuosas— existe un atajo brillante llamado «transferencia de aprendizaje». La idea es empezar no desde cero, con números aleatorios, sino con una red que ya ha aprendido algo relacionado. Puedes tomar una red que fue entrenada para reconocer millones de imágenes cotidianas (gatos, coches, muebles, paisajes, comida, personas) y usarla como punto de partida.

¿Por qué funciona esto? Porque las primeras capas de esa red ya han aprendido a detectar bordes, texturas, formas y contrastes que son útiles para casi cualquier tarea visual. Son conocimientos universales sobre cómo procesar imágenes. Solo las capas finales, las que toman la decisión específica («esto es un gato» vs. «esto es un perro») necesitan reentrenarse para tu tarea particular. Es como un chef experto en cocina francesa que quiere aprender cocina japonesa: no tiene que empezar de cero aprendiendo a hervir agua y cortar verduras. Sus conocimientos sobre técnicas de cocción, combinación de sabores y presentación de platos siguen siendo perfectamente válidos. Solo necesita aprender los ingredientes específicos y las recetas concretas de la nueva cocina.

La transferencia de aprendizaje ha democratizado la IA de una manera extraordinaria. Antes, solo los grandes laboratorios con millones de euros y acceso a superordenadores podían entrenar modelos potentes desde cero. Ahora, un equipo pequeño con un ordenador modesto puede descargar un modelo ya entrenado, ajustar solo las últimas capas con sus propios datos (aunque sean pocos) y conseguir resultados que habrían sido imposibles hace una década. Es como si todo el mundo pudiera construir sobre los hombros de gigantes sin tener que reinventar la rueda cada vez.

Todas estas técnicas —regularización, *dropout*, parada temprana, aumentado de datos, transferencia de aprendizaje— son las herramientas que quienes trabajamos con aprendizaje automático usamos día a día para asegurarnos de que nuestros modelos no solo brillen en el laboratorio, sino que funcionen en el caótico e impredecible mundo real. El objetivo final siempre es el mismo: construir sistemas que capturen lo esencial de los datos, que aprendan las reglas generales en lugar de memorizar los ejemplos específicos, y que puedan enfrentarse con éxito a situaciones que nunca antes han visto. En eso, curiosamente, no son tan diferentes de los buenos estudiantes, los buenos científicos o los buenos profesionales de cualquier campo: todos aspiramos a entender en profundidad, a captar los principios fundamentales, no a empollar para el examen.

Con las herramientas que hemos explorado en este capítulo —redes neuronales que aprenden de ejemplos, algoritmos que descienden por paisajes de error, arquitecturas que construyen conocimiento capa a capa— tenemos ya los cimientos para entender cómo la IA está transformando la ciencia. Porque todo lo que hemos descrito no son curiosidades técnicas ni trucos de ingeniería. Son los mismos principios que permiten a AlphaFold predecir la estructura de millones de proteínas, a GraphCast anticipar el clima con días de antelación o a los laboratorios autónomos diseñar nuevos materiales sin intervención humana. El aprendizaje profundo no es simplemente una herramienta más en el arsenal del científico. Es un nuevo modo de interrogar a la naturaleza, capaz de encontrar patrones donde el ojo humano solo ve ruido y de proponer hipótesis que ningún investigador habría imaginado. En los capítulos que siguen veremos cómo estas máquinas que aprenden están acelerando descubrimientos en campos tan diversos como la biología molecular, la astronomía, la medicina personalizada y la ciencia del clima. La revolución que Arthur Samuel inició con un humilde programa de damas en 1956 ha madurado hasta convertirse en el motor de la Ciencia 5.0: una era en la que humanos y máquinas colaboran para expandir las fronteras del conocimiento a un ritmo sin precedentes.

BIBLIOGRAFÍA

Bottou, L. (2010). Large-scale machine learning with stochastic gradient descent. En *Proceedings of COMPSTAT'2010* (pp. 177-186). Physica-Verlag HD.

Crevier, D. (1993). *AI: The Tumultuous History of the Search for Artificial Intelligence*. Basic Books.

Goodfellow, I., Bengio, Y. y Courville, A. (2016). *Deep Learning*. MIT Press.

Hornik, K., Stinchcombe, M. y White, H. (1989). Multilayer feedforward networks are universal approximators. *Neural Networks, 2*(5), 359-366.

Krogh, A. y Hertz, J. A. (1991). A simple weight decay can improve generalization. *Advances in Neural Information Processing Systems, 4,* 950-957.

LeCun, Y., Bottou, L., Bengio, Y. y Haffner, P. (1998). Gradient-based learning applied to document recognition. *Proceedings of the IEEE, 86*(11), 2278-2324.

McCulloch, W. S. y Pitts, W. (1943). A logical calculus of the ideas immanent in nervous activity. *Bulletin of Mathematical Biophysics, 5*(4), 115-133.

Minsky, M. y Papert, S. (1969). *Perceptrons: An Introduction to Computational Geometry.* MIT Press.

Mitchell, T. M. (1997). *Machine Learning.* McGraw-Hill.

Nair, V. y Hinton, G. E. (2010). Rectified linear units improve restricted Boltzmann machines. En *Proceedings of the 27th International Conference on Machine Learning* (pp. 807-814).

Nobel Prize in Physics (2024). The Nobel Prize in Physics 2024. https://www.nobelprize.org/prizes/physics/2024/

Rosenblatt, F. (1958). The perceptron: A probabilistic model for information storage and organization in the brain. *Psychological Review, 65*(6), 386-408.

Rumelhart, D. E., Hinton, G. E. y Williams, R. J. (1986). Learning representations by back-propagating errors. *Nature, 323*(6088), 533-536.

Russell, S. y Norvig, P. (2020). *Artificial Intelligence: A Modern Approach,* 4.ª ed. Pearson.

Samuel, A. L. (1959). Some studies in machine learning using the game of checkers. *IBM Journal of Research and Development, 3*(3), 210-229.

Shorten, C. y Khoshgoftaar, T. M. (2019). A survey on image data augmentation for deep learning. *Journal of Big Data, 6*(1), 1-48.

Silver, D. et al. (2016). Mastering the game of Go with deep neural networks and tree search. *Nature, 529*(7587), 484-489.

Srivastava, N., Hinton, G., Krizhevsky, A., Sutskever, I. y Salakhutdinov, R. (2014). Dropout: A simple way to prevent neural networks from overfitting. *Journal of Machine Learning Research, 15*(1), 1929-1958.

Sutton, R. S. y Barto, A. G. (2018). *Reinforcement Learning: An Introduction,* 2.ª ed. MIT Press.

Vaswani, A. et al. (2017). Attention is all you need. *Advances in Neural Information Processing Systems, 30,* 5998-6008.

Zeiler, M. D. y Fergus, R. (2014). Visualizing and understanding convolutional networks. En *European Conference on Computer Vision* (pp. 818-833). Springer.

3

Origami molecular: máquinas para descifrar el secreto de las proteínas

«It's a whole new world».

DAVID BAKER, Premio Nobel de Química

El surgimiento de una nueva era en la biología molecular

Piensa en una hoja de papel. Plana, sin forma aparente. Ahora imagina que, siguiendo una secuencia precisa de pliegues, esa hoja se transforma en una grulla, un dragón o una flor. El origami nos fascina porque convierte algo simple en algo complejo y bello mediante un proceso que parece casi mágico. Pues bien, en el interior de cada una de tus células ocurre algo parecido millones de veces por segundo: largas cadenas de moléculas se pliegan sobre sí mismas hasta adoptar formas tridimensionales extraordinariamente precisas. Esas formas son las proteínas, y de ellas depende prácticamente todo lo que te mantiene vivo.

El desafío que surge es que, durante décadas, los científicos han sido incapaces de predecir cómo se pliega cada cadena. Conocían los ingredientes —los aminoácidos que forman la secuencia—, pero no las instrucciones del plegado. Hasta que llegó la IA. En la actualidad nos encontramos en pleno auge de una verdadera revolución científica y tecnológica en biología molecular. Gracias a algoritmos increíblemente sofisticados, ya es posible predecir la forma tridimensional que adopta una proteína con una precisión que casi iguala la de las técnicas experimentales tradicionales, como la cristalografía de rayos X o la criomicroscopía electrónica. Esta transformación no solo se limita a «adivinar» estructuras: está modificando de manera profunda la forma en la que se investigan y descubren los mecanismos de la vida. Hasta hace relativamente poco, el conocimiento estructural de las proteínas dependía casi por completo de métodos empíricos costosos en tiempo, dinero y esfuerzo. A lo largo del siglo XX, la biología estructural se construyó sobre técnicas muy laboriosas que podían requerir varios años de trabajo en el laboratorio para obtener la estructura de una sola proteína, y a menudo con resultados parciales o incompletos. Hoy, gracias a la IA, lo que antes eran años de arduo trabajo se realiza en unas pocas horas o días, lo que abre un abanico de posibilidades nunca antes visto para explorar el funcionamiento interno de la célula y sus procesos biológicos con una eficiencia sin precedentes. La Ciencia 5.0 ya está desplegando todo su potencial.

La entrada en este contexto de la IA, particularmente a través de redes neuronales profundas, ha aportado la capacidad de analizar grandes volúmenes de datos —desde bases de datos de secuencias genéticas hasta colecciones de estructuras proteicas— con una precisión extraordinaria. Este enfoque computacional integra, además, técnicas de estadística avanzada y optimización que permiten detectar patrones imposibles de identificar a simple vista. De este modo, la IA no solo «aprende» cuáles son las reglas de plegamiento que la naturaleza ha desarrollado a lo largo de millones de años de evolución para las proteínas, sino que también propone hipótesis y modelos que el ser humano, por sí solo, habría tardado décadas en plantear. Todo este cambio de paradigma alcanzó su culminación en octubre de 2024, cuando se anunció la concesión del Premio Nobel de Química a los investigadores que crearon los primeros algoritmos que han impulsado esta nueva era, los profesores Baker, Hassabis y Jumper. Esta noticia no sorprendió a la comunidad científica, que ya llevaba tiempo admirando el salto cualitativo ofrecido por los métodos computacionales en los que los premiados fueron pioneros. Sin embargo, este reconocimiento sí sirvió para poner de relieve hasta qué punto la biología molecular se había adentrado en un terreno completamente nuevo.

Una pregunta que surge de forma natural en este contexto es: ¿por qué este avance supone una verdadera revolución y no es tan solo un paso más en la biología estructural? La respuesta está en el alcance de lo conseguido y en la impresionante aceleración del proceso científico que implica. Donde antes había conjeturas, hipótesis y largos ensayos en el laboratorio, ahora disponemos de predicciones de gran fiabilidad que guían los experimentos y permiten refinar las ideas en fases muy tempranas. El resultado es que se pueden abordar cuestiones biomédicas que antes parecían inalcanzables: desde el estudio de la función de proteínas humanas clave en patologías graves —cáncer, trastornos neurodegenerativos o enfermedades infecciosas— hasta la investigación de enzimas industriales con propiedades nunca vistas en la naturaleza. Es una transformación que refuerza la idea de que la IA está lejos de ser una mera herramienta, habiéndose convertido en una auténtica aliada para entender la complejidad de la vida en su nivel más básico.

EL ENIGMA DEL PLEGAMIENTO DE LAS PROTEÍNAS

Para entender la magnitud de estos logros conviene remontarse al origen del enigma del plegamiento proteico y recordar por qué esta pregunta ha fascinado a los científicos durante décadas. Imagina a un grupo de niñas y niños que pasan la tarde haciendo pulseras con cuentas de colores. Cada cuenta, con un tamaño y perforación distintos, encaja mejor con unas que con otras. El objetivo es formar un patrón bonito y útil, pero no hay instrucciones fijas. A escala microscópica, esto es lo que sucede con las proteínas en nuestras células: se construyen a partir de un alfabeto de veinte aminoácidos, enlazados en una secuencia lineal dictada por la información genética. Una vez formada la cadena, esta debe «plegarse» hasta adoptar una forma tridimensional muy específica. Aquella conformación correcta permite que la proteína cumpla su función —ser una enzima, un anticuerpo, un receptor de membrana, etc.—, mientras que un fallo en el plegamiento puede provocar la inactividad de la proteína o incluso desencadenar consecuencias tóxicas para la célula.

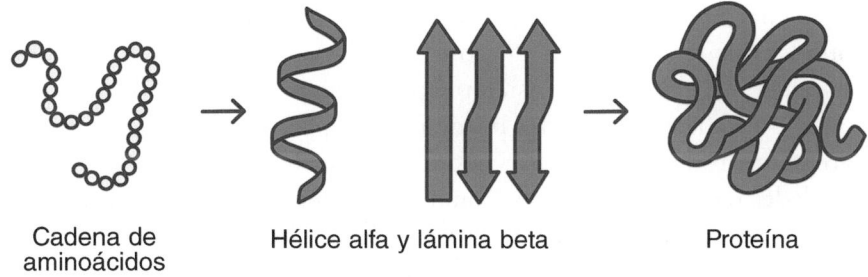

Cadena de aminoácidos   Hélice alfa y lámina beta   Proteína

FUENTE: elaboración propia inspirada en https://slink.com/cta1Y

Figura 3.1.—Formación de las proteínas.

Cada proteína está formada por una secuencia de aminoácidos unidos entre sí. Estos aminoácidos interactúan localmente para formar estructuras como hélices y láminas. Dichas estructuras a su vez se pliegan a mayor escala para generar la conformación tridimensional completa de la proteína. Las proteínas pueden interactuar con otras proteínas y desempeñar funciones como la señalización celular o la transcripción del ADN.

El gran hito que marcó la comprensión del plegamiento proteico fue el experimento de Christian Anfinsen en los años setenta (Anfinsen, 1973). Al «deconstruir» una proteína llamada ribonucleasa A, demostró que, al cabo de un tiempo, esta volvía por sí sola a su configuración original y funcional. El mensaje que extrajo Anfinsen fue que toda la información necesaria para el plegamiento está contenida en la propia secuencia de aminoácidos. Sin embargo, saber que esto es cierto no resolvió el problema de predecir con exactitud cómo se pliega la proteína. El físico Cyrus Levinthal (Levinthal, 1969) calculó que, si cada enlace de la cadena se comportara como una bisagra con múltiples ángulos de rotación, la cantidad de configuraciones posibles sería astronómica, tan grande que ni la edad del universo alcanzaría para probarlas una a una. Y, pese a ello, las proteínas reales se pliegan en un lapso tan corto —microsegundos o segundos— que resulta casi inverosímil.

Este fenómeno, conocido como la «paradoja de Levinthal», ha sido motivo de debate e investigación durante décadas, ya que sugiere que el plegamiento proteico no puede seguir una ruta de ensayo y error al azar. La explicación más aceptada hasta la fecha es la metáfora del «embudo de energía». La proteína no explora al azar todas las configuraciones, sino que sigue caminos energéticamente favorables que la van guiando hacia un estado de mínima energía libre. La proteína parte de un estado desordenado en lo alto del embudo de energía y desciende hacia su configuración nativa, estabilizada por enlaces de hidrógeno, interacciones hidrofóbicas, enlaces disulfuro, fuerzas electrostáticas, etc. Dichos elementos actúan como pistas o «barreras» que van descartando conformaciones erróneas y favoreciendo las que se aproximan a la forma final. Aun así, nada garantiza que en la célula real el proceso sea siempre perfecto: mutaciones, errores de traducción o condiciones de estrés pueden forzar a las proteínas a plegarse mal y agregarse, produciendo efectos nocivos. De hecho, se sabe que algunas enfermedades neurodegenerativas (como Alzheimer o Parkinson) guardan relación con agregados tóxicos de proteínas mal plegadas (Chiti y Dobson, 2006). Estas afecciones surgen cuando las proteínas, en lugar de alcanzar su conformación nativa, se ensamblan en fibrillas o cúmulos que interfieren con la actividad celular y causan un daño significativo.

Comprender el plegamiento proteico, por tanto, ha sido durante mucho tiempo una de las metas más ambiciosas de la biología molecular. Y no solo a nivel teórico: la forma que adopta una proteína es clave para su función, de modo que predecir esa forma equivale a entender, en buena medida, el rol que desempeña en el organismo. Además, muchas estrategias terapéuticas y de ingeniería biológica requieren conocer los detalles estructurales de las proteínas para diseñar fármacos, anticuerpos o enzimas que interactúen de un modo determinado. El desafío siempre fue doble: descifrar las leyes generales que rigen el plegamiento y, al mismo tiempo, hacer predicciones fiables para cada caso particular, dada la enorme diversidad de secuencias proteicas que existen en la naturaleza.

UNA LARGA TRADICIÓN DE MÉTODOS EXPERIMENTALES Y COMPUTACIONALES

Históricamente, para resolver la estructura exacta de una proteína, la biología estructural se ha apoyado en métodos como la cristalografía de rayos X, la resonancia magnética nuclear (RMN) y, más recientemente, la criomicroscopía electrónica. Estas técnicas permiten «ver» la estructura atómica con gran nivel de detalle, pero tienen un coste enorme en tiempo y recursos, y no siempre funcionan para todas las proteínas: muchas no cristalizan con facilidad o no resultan estables en las condiciones requeridas por la RMN, y la criomicroscopía, si bien ha avanzado mucho, sigue siendo técnicamente exigente y costosa. Así, cada estructura cristalizada o revelada se consideraba un pequeño triunfo, fruto de la perseverancia y la pericia de los investigadores.

En paralelo, y para sortear estas dificultades, la comunidad científica intentó desde mediados del siglo XX desarrollar métodos computacionales que predijeran la estructura a partir de la secuencia. Algunos de los enfoques tempranos se basaban en buscar la denominada «homología» con proteínas ya resueltas experimentalmente. Si se encontraba una proteína «pariente» con una secuencia muy similar y con estructura conocida, se podían hacer inferencias razonables sobre la nueva molécula. Sin embargo, este método se volvía prácticamente inservible para proteínas sin homólogos cercanos, además de tener problemas para regiones con gran variabilidad. Por otro lado, algunos grupos apostaron por simular dinámicamente el plegamiento, paso a paso, mediante enormes cálculos computacionales, a menudo recurriendo a superordenadores y a métodos de dinámica molecular a gran escala. Sin embargo, la inmensa complejidad del espacio conformacional hacía que estas simulaciones fueran extremadamente lentas y pudieran verse limitadas por la capacidad de computación disponible.

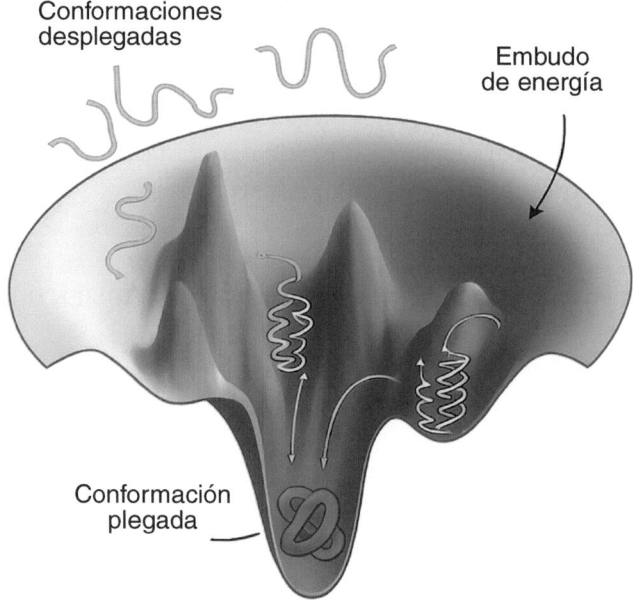

Conformaciones
desplegadas

Embudo
de energía

Conformación
plegada

Fuente: elaboración propia a partir de la figura del siguiente artículo: Dill, K. A. y MacCallum, J. L. (2012). Science The Protein-Folding Problem, 50 Years On. *Science, 338*, 1042; http://doi.org/10.1126/science.1219021

Figura 3.2.—El embudo energético del plegamiento de proteínas.

Las proteínas exploran un paisaje energético con forma de embudo, en el que abundan las conformaciones desplegadas de alta energía y solo unas pocas configuraciones finales tienen baja energía. El proceso de plegamiento no sigue un único camino, sino que puede transcurrir por múltiples trayectorias microscópicas que convergen hacia el estado nativo —la forma funcional y estable de la proteína— en el fondo del embudo.

Desde 1994, el encuentro bienal CASP *(Critical Assessment of Structure Prediction)* ha servido como campo de pruebas para evaluar hasta qué punto los nuevos métodos computacionales lograban acercarse a la precisión experimental. Cada edición de CASP era una combinación de optimismo e inquietud: equipos de todo el mundo competían para predecir la estructura de proteínas cuyas coordenadas tridimensionales aún no se habían hecho públicas. Se avanzaba gradualmente, pero persistían errores demasiado grandes en regiones flexibles o en proteínas de estructura inusual, y a menudo las aproximaciones no podían rivalizar con el detalle que ofrecían las técnicas de laboratorio. El ideal de predecir con precisión atómica seguía siendo un anhelo, una suerte de «Santo Grial» para quienes trabajaban en bioinformática estructural.

A pesar de estos obstáculos, los progresos se iban sumando. Desde mejoras en los algoritmos de minimización de energía hasta la incorporación de bases de datos cada vez más extensas, la disciplina avanzaba a pasos cautelosos. Pero era difícil imaginar que, de la noche a la mañana, se llegaría a un punto en el que la precisión en la predicción rozaría la exactitud de los métodos experimentales. Fue precisamente esa barrera la que rompieron las nuevas inteligencias artificiales, trastocando la historia de la predicción estructural de un modo irreversible.

ALPHAFOLD: UN ALGORITMO QUE DESCIFRÓ EL CÓDIGO

A partir de 2020, un puñado de sistemas basados en redes neuronales profundas irrumpieron en la escena de la predicción de estructuras proteicas. El más famoso es AlphaFold, desarrollado por DeepMind, filial de Google, que ya había acaparado titulares al crear una IA capaz de derrotar a campeones mundiales del juego Go. En su segunda versión (AlphaFold2) este sistema logró predecir estructuras de proteínas con una exactitud sorprendente, equiparable en muchos casos a lo logrado en laboratorios de cristalografía o criomicroscopía (Jumper et al., 2021). Lo extraordinario no fue solo la puntería alcanzada, sino la capacidad de generalizar a proteínas sin parientes evolutivos cercanos, algo que hasta entonces se consideraba altamente complejo y reservado a procedimientos experimentales. Los factores que propiciaron este salto cualitativo fueron, entre otros, la disponibilidad de grandes bases de datos como el Protein Data Bank (Berman et al., 2000), el avance de las arquitecturas de redes neuronales (en especial los transformadores) y la abundancia de secuencias genómicas, lo que permitió «entrenar» al algoritmo en millones de ejemplos, generando patrones estadísticos muy precisos. Por si esto fuera poco, DeepMind decidió compartir abiertamente la herramienta y sus predicciones, publicando estructuras de más de 200 millones de proteínas (Varadi et al., 2022), lo que supuso una democratización sin precedentes del conocimiento estructural. En 2024, la Real Academia de las Ciencias de Suecia concedió el Premio Nobel de Química a los pioneros de estos logros, reconociendo de manera oficial que la era de IA en biología molecular había llegado para quedarse.

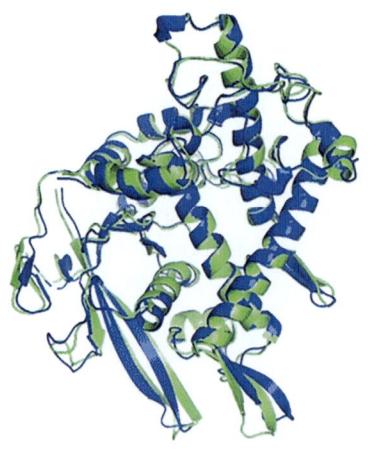 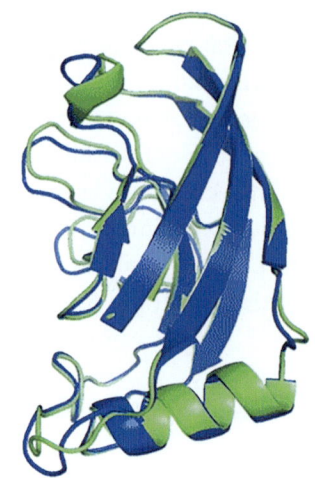

Fuente: https://linq.com/akpGD

Figura 3.3.—Predicciones de AlphaFold frente a estructuras reales.

La inteligencia artificial AlphaFold, desarrollada por DeepMind, ha logrado predecir con notable precisión la forma tridimensional de proteínas. En el panel izquierdo se muestra la superposición entre la estructura experimental (verde) y la predicción computacional (azul) del dominio de la ARN polimerasa. En el panel derecho, se compara la estructura de la punta de una adhesina. La extraordinaria coincidencia entre las predicciones y los resultados experimentales ilustra el poder de la inteligencia artificial para resolver uno de los grandes desafíos de la biología: predecir cómo se pliegan las proteínas.

Así, gracias a AlphaFold y a herramientas similares, cualquier laboratorio del mundo, por modesto que sea, tiene acceso a modelos de alta calidad para una inmensa variedad de proteínas. Por primera vez, la biología estructural deja de ser un lujo reservado a grandes centros de investigación, y se convierte en un recurso accesible con solo unos pocos clics y tiempo de computación razonable. Además, la comunidad científica ha celebrado la aparición de foros y plataformas colaborativas donde se comparten mejoras en los algoritmos y refinamientos de las predicciones, creando un ecosistema de innovación constante. El impacto en el ámbito académico y en la industria biotecnológica es enorme: muchos grupos que antes dedicaban años a obtener la estructura de una proteína para luego estudiar su función ahora empiezan directamente con un modelo computacional aproximado, y lo validan o perfeccionan con experimentos puntuales. Así, el proceso se agiliza de manera sustancial y el conocimiento avanza a un ritmo que, hace tan solo unos años, hubiera parecido un exceso de optimismo.

Diseñar proteínas, cambiar las reglas

El poder de predecir estructuras con tanta exactitud es, si uno lo piensa con cuidado, el primer peldaño de una escalera todavía más ambiciosa: ¿podríamos diseñar proteínas a la carta, desde cero, para cumplir funciones muy concretas? Durante muchos años, uno de los pioneros en este ámbito ha sido el grupo de David Baker en la Universidad de Washington. Con el desarrollo del *software* Rosetta (Leaver-Fay et al., 2011) y, posteriormente, de RoseTTA-Fold (Baek et al., 2021) y RFdiffusion (Watson et al., 2023), se empezó a delinear el horizonte de la «bioingeniería total», donde ya no se imita a la naturaleza, sino que se crean moléculas inéditas que podrían tener aplicaciones médicas, medioambientales o industriales de gran impacto.

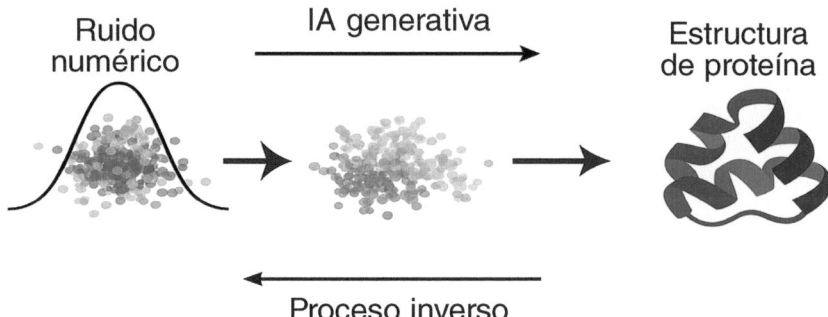

FUENTE: elaboración propia.

Figura 3.4.—Cómo una IA puede imaginar una proteína desde el ruido.

Los modelos de difusión, una de las tecnologías más avanzadas de IA, permiten generar estructuras de proteínas partiendo de datos completamente desordenados, como si fueran «ruido», pero en este caso numérico. Esta IA transforma ese caos en formas tridimensionales coherentes y funcionales, similares a las que la naturaleza produce en los organismos vivos.

La lógica detrás del diseño computacional *generativo* de proteínas se basa en los siguientes pasos: partiendo de una función deseada (por ejemplo, catalizar una reacción química concreta) o de una forma objetivo (digamos, una nanocaja proteica que sirva para transportar fármacos), se buscan las secuencias de aminoácidos que estabilicen esa estructura. Los algoritmos iteran, ajustan enlaces y realizan búsquedas en el espacio conformacional, hasta proponer candidatos plausibles. Posteriormente, en el laboratorio se sintetizan y validan esos candidatos, comprobando que las proteínas diseñadas funcionan como se predijo. Este ciclo de simulación-diseño-síntesis abre la puerta a crear, por ejemplo, enzimas robustas a altas temperaturas o anticuerpos de precisión exquisita para reconocer moléculas virales.

La visión de esta disciplina va más allá de mejorar unas pocas enzimas aquí o allá: se trata de forjar una plataforma con la que podamos inventar proteínas inexistentes en la naturaleza y adaptadas a necesidades humanas concretas. Podríamos imaginar enzimas que degraden plásticos con mayor eficiencia, o proteínas que capturen CO_2 de la atmósfera para combatir el cambio climático. Este potencial creativo hace que el diseño de proteínas se convierta en un campo de investigación y desarrollo con proyecciones inmensas, tanto en términos de innovación tecnológica como de beneficio para la sociedad.

Por tanto, ahora ya no solo resolvemos la estructura de lo que existe en la naturaleza, sino que la reinventamos para que haga cosas nuevas. Esta revolución no se limita al mundo académico: las empresas biotecnológicas ya han detectado el enorme potencial de crear proteínas a la carta, y están invirtiendo recursos en proyectos de ingeniería proteica que aspiran a ofrecer soluciones a problemas globales de salud, medioambiente y producción de bienes. Imagina, por ejemplo, diseñar anticuerpos artificiales capaces de neutralizar virus emergentes con tasas de mutación muy altas, o sintetizar proteínas que faciliten la producción de biocombustibles menos contaminantes. Las posibilidades son inmensas. El salto desde la mera observación de lo existente hacia la creación de lo nuevo marca un antes y un después en la historia de la ciencia: ya no nos limitamos a descubrir cómo funciona el mundo natural, sino que nos atrevemos a darle forma con una precisión nunca alcanzada.

Más allá del plegamiento: la convergencia con la Ciencia 5.0

Como hemos visto, la adopción masiva de algoritmos de IA en la investigación de proteínas no solo ahorra tiempo y dinero, sino que nos empuja a replantearnos la forma misma en la que hacemos ciencia. Esta tendencia se enmarca fácilmente en lo que hemos denominado «Ciencia 5.0», un nuevo paradigma donde las máquinas no sustituyen a los humanos, sino que amplían de manera exponencial nuestras capacidades para procesar datos y extraer conocimiento. En este sentido, la ciencia se convierte en un territorio de simbiosis entre el intelecto humano y la computación, permitiendo que preguntas antiguas —como «¿cuál es la forma y función de esta proteína?»— se puedan abordar con una rapidez y profundidad sin precedentes. También es fácil contemplar cómo el impacto sobre la formación de nuevas generaciones de científicos será enorme, porque herramientas como AlphaFold o Rosetta se van a convertir en material de uso cotidiano para los investigadores.

Aunque la predicción de estructuras de las proteínas está camino de convertirse casi en un trámite gracias a la IA, ¿significa esto que ya lo sabemos todo acerca del plegamiento de proteínas? En absoluto. A pesar de la precisión creciente de AlphaFold y otras herramientas, todavía hay múltiples retos que alcanzar, como la caracterización de estados intermedios de plegamiento, la predicción de interacciones entre múltiples proteínas en complejos grandes o la comprensión detallada de procesos dinámicos y transitorios. Tampoco todas las proteínas se comportan de la misma manera: existen aquellas con dominios desordenados intrínsecamente, que adquieren su forma solo al interactuar con otros factores celulares. Como toda área científica que se precie, la solución de preguntas importantes genera nuevas preguntas, frecuentemente incluso de mayores consecuencias. Así, queda un largo camino por recorrer hasta obtener una visión holística y, sobre todo, dinámica de la maquinaria proteica. Además, aunque las redes neuronales son extremadamente poderosas, siguen dependiendo de la disponibilidad de datos confiables para su entrenamiento. Existen millones de proteínas de función desconocida, y muchas provienen de organismos poco estudiados o de ambientes extremos donde la experimentación puede resultar compleja. De cara al futuro, será esencial llenar esos vacíos de datos o perfeccionar algoritmos capaces de realizar predicciones robustas en condiciones de escasez de información.

Lo que sí debemos tener en cuenta es que la velocidad de estos avances sugiere que iremos viendo mejoras significativas en un plazo relativamente corto. Es previsible que, en pocos años, contemos con herramientas capaces de predecir no solo la estructura estática de una proteína, sino también su paisaje conformacional completo, indicando si puede alternar entre varios estados activos o inactivos, o si adopta conformaciones transitorias en situaciones de estrés. Igualmente se esperan progresos en la integración de datos experimentales, de modo que las simulaciones sean cada vez más coherentes con resultados de laboratorio y permitan iterar con más precisión entre la predicción y la validación experimental.

Mientras la comunidad científica reflexiona sobre cómo aprovechar al máximo esta convergencia, también se plantea cuestiones éticas y regulatorias con estas nuevas tecnologías: si es posible diseñar proteínas con propiedades sin precedentes, ¿cómo garantizar que no se creen agentes patógenos peligrosos o que no se liberen a la naturaleza organismos con efectos imprevisibles? Estas preguntas subrayan la importancia de combinar el avance tecnológico con la responsabilidad social y el trabajo interdisciplinar. La esperanza es que esta confluencia de enfoques computacionales, experimentales y éticos no solo·agilice la ciencia, sino que también la democratice, permitiendo a grupos con recursos limitados participar en el gran puzle de la biología molecular. La predicción y el diseño de proteínas pueden ofrecer soluciones concretas a problemas urgentes de salud pública, desarrollo sostenible y bioeconomía. Desde el tratamiento de enfermedades raras hasta la protección de cultivos en zonas de estrés hídrico, las proteínas diseñadas o modificadas podrían cambiar radicalmente nuestro horizonte tecnológico.

En el siguiente capítulo cambiaremos por completo de escenario y veremos cómo estos mismos principios de análisis masivo de datos y aprendizaje profundo se aplican al estudio de fenómenos atmosféricos extremos, como tormentas o DANAs. Veremos que la esencia es la misma: enormes volúmenes de información (observaciones pasadas, variables climáticas, patrones de circulación) se procesan con algoritmos potentes que «aprenden» a reconocer señales sutiles de lo que podría devenir en un evento meteorológico catastrófico. Y, de igual manera que con las proteínas, la IA promete acercarnos a predicciones más fiables, rápidas y ajustadas, con el potencial también en este caso de salvar vidas y recursos.

BIBLIOGRAFÍA

Anfinsen, C. B. (1973). *Principles that govern the folding of protein chains. Science, 181*(4096), 223-230.

Baek, M. et al. (2021). Accurate prediction of protein structures and interactions using a three-track neural network. *Science, 373*(6557), 871-876.

Berman, H. M. et al. (2000). The Protein Data Bank. *Nucleic Acids Research, 28*(1), 235-242.

Chiti, F. y Dobson, C. M. (2006). Protein misfolding, functional amyloid, and human disease. *Annual Review of Biochemistry, 75,* 333-366.

Dill, K. A. y MacCallum, J. L. (2012). Science The Protein-Folding Problem, 50 Years On. *Science, 338,* 1042.

Jumper, J. et al. (2021). Highly accurate protein structure prediction with Alpha-Fold. *Nature, 596,* 583-589.

Leaver-Fay, A. et al. (2011). Rosetta3: an object-oriented software suite for the simulation and design of macromolecules. *Methods in Enzymology, 487,* 545-574.

Levinthal, C. (1969). How to fold graciously. En *Mössbauer Spectroscopy in Biological Systems.* Allerton House, Monticello, Illinois.

Varadi, M. et al. (2022). AlphaFold Protein Structure Database: massively expanding the structural coverage of protein-sequence space with high-accuracy models. *Nucleic Acids Research, 50*(D1), D439-D444.

Watson, J. L. et al. (2023). De novo design of protein structure and function with RFdiffusion. *Nature, 620,* 1089-1097.

4

¿Anunciará la IA la próxima DANA?: Predicción meteorológica al límite

> «En esencia, todos los modelos son erróneos,
> pero algunos son útiles.»
> George E. P. Box, estadístico

El enigma de las DANAs

Estás junto a la ventana una tarde de octubre. El cielo, que hace apenas una hora estaba despejado, se ha teñido de un gris plomizo. Cae la primera gota. Luego otra. Y otra más. Al principio parece una lluvia cualquiera, pero algo cambia: las gotas se multiplican, se vuelven más gruesas, más insistentes, y en cuestión de minutos el repiqueteo suave se transforma en un tamborileo furioso contra el cristal. El agua ya no cae: se desploma. Ese salto vertiginoso de la calma al caos es el que millones de personas han vivido cuando una DANA descarga su furia sobre una región. Y es también el momento que los meteorólogos intentan anticipar con días de antelación, armados con superordenadores, ecuaciones y, cada vez más, con algoritmos de IA. ¿Podemos realmente predecir cuándo el cielo va a desatarse así? ¿Puede una máquina advertirnos a tiempo?

Para responder a esas preguntas, primero hay que entender qué ocurre allá arriba cuando el cielo decide desplomarse. Pensemos en una gran burbuja de aire frío que, en lugar de quedarse donde debería, se desengancha de las corrientes atmosféricas y queda flotando a gran altura. Esa burbuja comienza a moverse de forma errática, lenta y sin rumbo claro, mientras en la superficie el aire cálido y húmedo asciende, se encuentra con esa masa fría y... ¡bum! Lluvias torrenciales, vientos intensos, y a veces inundaciones devastadoras. Eso es, en esencia, una DANA: una Depresión Aislada en Niveles Altos (Romero et al., 2000).

¿De dónde sale esa burbuja? De la corriente en chorro, el *jet stream:* una especie de autopista de vientos que rodea el hemisferio norte a gran altitud

77

(Nieto et al., 2008). Cuando esta corriente se ondula demasiado, puede producirse un «corte» que aísla una masa de aire frío del flujo principal, formando lo que técnicamente se denomina una baja cerrada en niveles altos (Hoskins et al., 1985). Si ese embolsamiento queda suspendido sobre un mar cálido como el Mediterráneo, el contraste térmico dispara la formación de nubes convectivas y precipitaciones que pueden alcanzar intensidades devastadoras.

Como vívidamente recordamos muchos, un ejemplo terrible de este tipo de fenómenos ocurrió el 29 de octubre de 2024. Ese día Valencia vivió uno de los episodios meteorológicos más extremos registrados en décadas en toda Europa. Una DANA se formó frente a las costas mediterráneas, alimentada por el calor residual del verano y las masas de humedad acumuladas en el mar. En menos de 36 horas cayeron más de 450 litros por metro cuadrado en algunas zonas. Trágicamente, más de 220 personas perdieron la vida. Barrios enteros quedaron anegados, las infraestructuras colapsaron y miles de personas se vieron obligadas a abandonar sus casas. Las ramblas y cauces secos se convirtieron en auténticos ríos, y las imágenes de coches flotando en calles inundadas dieron la vuelta al mundo. Fue un recordatorio brutal de lo vulnerables que seguimos siendo ante estos fenómenos.

Eventos de la magnitud de lo ocurrido en Valencia no solo tienen consecuencias hidrológicas, sino que suponen un reto inmenso en términos económicos, sociales y de gestión de emergencias. Además, las DANAs no siguen una estacionalidad estricta. Aunque son más frecuentes en otoño, pueden aparecer en primavera e incluso en verano. Esta variabilidad interanual, combinada con su comportamiento caótico, hace que incluso los modelos numéricos más sofisticados tengan dificultades para anticipar su aparición con más de dos o tres días de antelación. Lo que convierte a las DANAs en un desafío tan complejo es precisamente su naturaleza errática. A diferencia de una borrasca convencional, que se desplaza siguiendo una trayectoria relativamente predecible, una DANA puede estancarse sobre una misma región durante días. Su movilidad depende de un equilibrio muy delicado de factores atmosféricos: las corrientes en chorro, gradientes térmicos, presencia de humedad en capas bajas y condiciones orográficas. Es justo esa falta de reglas claras la que dificulta su predicción.

La pregunta que cada vez se plantea con más urgencia es la siguiente: ¿está el cambio climático alterando la frecuencia o intensidad de las DANAs? Aunque los estudios aún no son concluyentes, se sabe que el calentamiento del Ártico está debilitando la corriente en chorro (Francis y Vavrus, 2015), lo que puede favorecer su ondulación y, por tanto, el aislamiento de embolsamientos de aire frío. Esto, junto con mares más cálidos y mayor disponibilidad de humedad, podría estar haciendo que las DANAs sean más persistentes, destructivas y que ocurran en zonas y momentos del año donde antes eran inusuales. Este posible cambio tan significativo refuerza la urgencia de mejorar su vigilancia y predicción.

De la física a las redes neuronales para predecir patrones meteorológicos extremos

Durante décadas, la predicción del tiempo se ha basado en modelos numéricos que simulan el comportamiento de la atmósfera utilizando las leyes de la física (Bauer et al., 2015). Estos modelos dividen el planeta en una cuadrícula tridimensional y calculan cómo se moverá el aire, el vapor de agua y la energía entre esas celdas (Kalnay, 2003). Son, en esencia, grandes simuladores que resuelven ecuaciones diferenciales complejas, una y otra vez, para anticipar el futuro. El problema es que, por muy detallados que sean, estos modelos tienen límites. Resolver cada pequeña celda requiere potencia de cálculo, y algunas interacciones atmosféricas ocurren en escalas tan pequeñas o rápidas que simplemente quedan fuera de su alcance. Además, las incertidumbres en las condiciones iniciales pueden amplificarse rápidamente, como el famoso efecto mariposa de la teoría del caos (Lorenz, 1963).

Aquí es donde la IA, y en particular el aprendizaje automático, ofrece una alternativa apasionante. En lugar de basarse únicamente en ecuaciones físicas, la IA aprende directamente de los datos meteorológicos existentes (Rasp et al., 2020). Se alimenta de miles de mapas meteorológicos, series temporales de observaciones, imágenes satelitales y registros históricos. A partir de ahí, detecta patrones, correlaciones y tendencias. No le importa tanto el porqué físico, sino el qué ha sucedido antes en situaciones parecidas. Este cambio de enfoque es revolucionario. En lugar de simular la atmósfera, la IA la «*recuerda*» y la «*reconoce*». Es como si, en lugar de resolver un examen de matemáticas paso a paso, recordara los resultados de exámenes anteriores y supiera qué respuesta suele venir después de cierto enunciado. Este tipo de modelos permite construir predicciones complejas en cuestión de segundos, con una eficiencia que supera por mucho a la de los modelos tradicionales. Pero la clave no está solo en la velocidad. Los modelos de IA, como veremos a continuación, están empezando a rivalizar —e

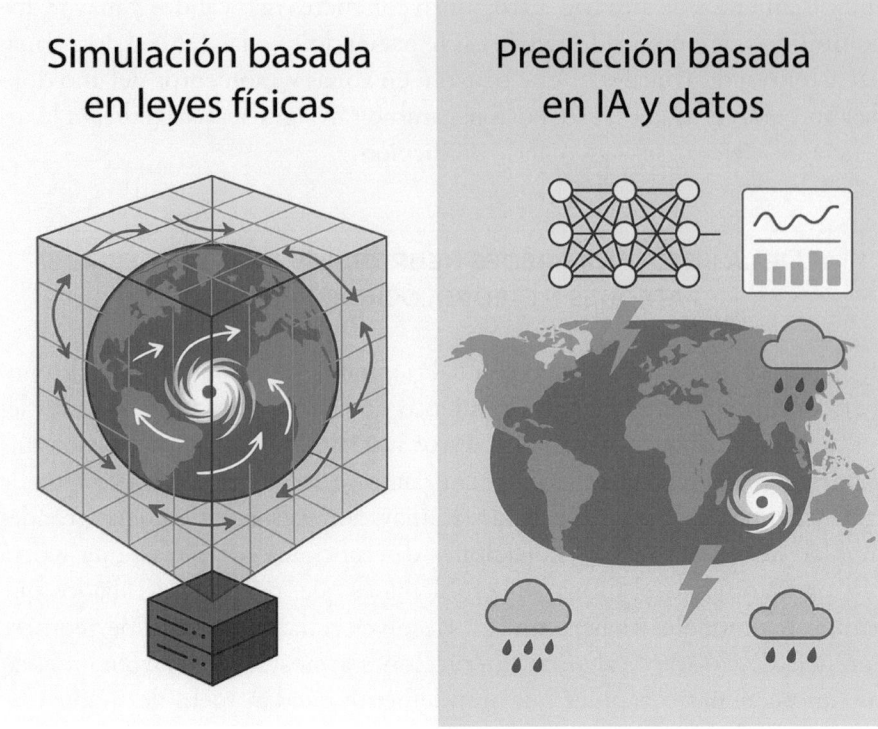

Simulación basada
en leyes físicas

Predicción basada
en IA y datos

FUENTE: elaboración propia.

Figura 4.1.—Comparación conceptual entre simulación numérica basada en leyes físicas y predicción basada en inteligencia artificial.

A la izquierda, los modelos tradicionales dividen el planeta en una rejilla tridimensional y aplican ecuaciones físicas para simular el movimiento del aire y la energía. A la derecha, los sistemas de IA procesan grandes volúmenes de datos históricos para detectar patrones y generar pronósticos directamente, sin necesidad de resolver explícitamente las ecuaciones físicas. Esta aproximación ofrece una alternativa más rápida y eficiente, especialmente útil en la predicción de fenómenos meteorológicos extremos.

incluso superar— a los sistemas numéricos más avanzados en términos de precisión. Esto plantea un cambio de paradigma que podría transformar la meteorología tal y como la conocemos.

Así, imagina que, en lugar de intentar entender el tiempo mirando mapas y gráficos durante horas, tuvieras una herramienta capaz de analizar todos los datos disponibles del planeta —temperaturas, vientos, nubes, humedad— y reconocer en segundos cuándo podría formarse una tormenta peligrosa o una DANA. Eso es exactamente lo que hacen las redes neuronales profundas en este contexto. En vez de seguir reglas fijas, aprenden a identificar patrones por sí mismas a partir de una enorme cantidad de datos. En meteorología, esto significa alimentar a estos modelos con registros históricos de satélites, estaciones de tierra y simulaciones atmosféricas, para que encuentren relaciones entre ciertas configuraciones del clima y eventos extremos posteriores.

Lo interesante es que muchas veces estas relaciones no son evidentes ni siquiera para los expertos. Las redes neuronales pueden detectar combinaciones sutiles y complejas de variables que, en conjunto, anuncian la llegada de fenómenos como una DANA, aunque ninguna de ellas lo indique por separado. Modelos como GraphCast (Lam et al., 2023) o Pangu-Weather (Bi et al., 2023) han demostrado que pueden generar predicciones globales con una precisión similar —y en algunos casos superior— a los modelos físicos más avanzados, como los del Centro Europeo de Predicción Meteorológica (ECMWF) (European Centre for Medium-Range Weather Forecasts, 2024). La clave está en cómo procesan los datos. Por ejemplo, GraphCast convierte el estado de la atmósfera en una especie de red tridimensional, donde cada punto del planeta está conectado con sus vecinos. Así, puede aprender cómo se influyen mutuamente distintas zonas, incluso cuando están muy alejadas entre sí, como ocurre cuando una perturbación en el Atlántico desencadena lluvias torrenciales en el Mediterráneo días después. En resumen, estas redes no predicen porque entiendan el clima como lo haría un físico, sino porque han aprendido, a base de ejemplos, a reconocer cuándo una situación atmosférica es parecida a otras del pasado que terminaron mal. Y, sorprendentemente, eso está funcionando.

PREDICCIONES RÁPIDAS Y ESCALABLES

Una de las virtudes más destacadas de los modelos de IA meteorológicos es su capacidad de generar pronósticos a una velocidad vertiginosa. Los modelos mencionados, Pangu-Weather o GraphCast, son capaces de producir predicciones meteorológicas globales de hasta diez días en apenas segundos (Ben Bouallègue et al., 2024). Este salto en rapidez no es trivial: permite ejecutar simulaciones múltiples en tiempo real, lo que resulta fundamental para anticipar fenómenos extremos, afinar alertas tempranas y tomar decisiones con más margen de maniobra. Pero la velocidad no es la única ventaja. Estos modelos también pueden integrar información proveniente de múltiples fuentes de forma simultánea: imágenes de satélite, datos de radar, perfiles atmosféricos, mediciones en estaciones de superficie y más. Esa fusión multifuente en tiempo real mejora sustancialmente la resolución espacial y temporal de las predicciones, un factor clave para prever episodios tan localizados como una DANA que se cierne sobre una cuenca hidrográfica concreta.

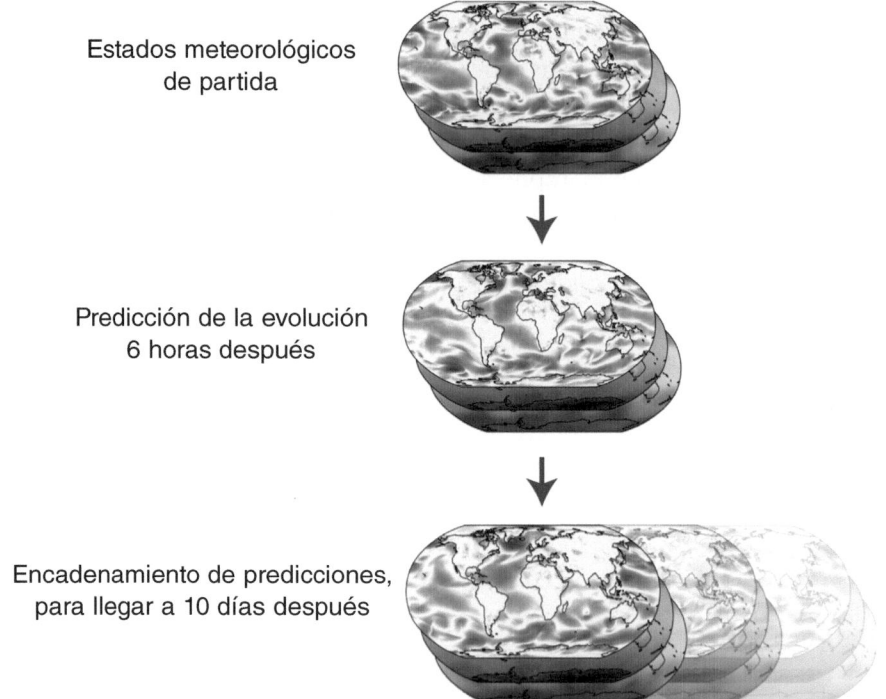

FUENTE: elaboración propia a partir del diagrama que aparece en: https://slink.com/M7e5n

Figura 4.2.—Esquema del funcionamiento del modelo predictivo GraphCast.

Para generar sus pronósticos, el sistema solo requiere dos conjuntos de datos de entrada: el estado de la atmósfera hace 6 horas y su estado actual. A partir de esta información, predice cómo será el tiempo 6 horas en el futuro. Este proceso puede repetirse de forma secuencial en intervalos de 6 horas, permitiendo así generar pronósticos de alta precisión con una antelación de hasta 10 días.

Otra ventaja crítica de este tipo de tecnología predictiva es su escalabilidad. Mientras que los modelos físicos requieren grandes infraestructuras computacionales, los sistemas de IA entrenados pueden operar en plataformas mucho más modestas, incluso desde centros regionales de predicción o dispositivos portátiles (Dueben et al., 2022). Esta accesibilidad puede ser especialmente útil en contextos de países con menos recursos, donde la falta de potencia computacional limita la capacidad predictiva. En combinación, estas características hacen que la IA no solo sea una herramienta poderosa desde el punto de vista científico, sino también desde una perspectiva operativa y logística. Su implementación práctica podría democratizar el acceso a predicciones de alta calidad en todo el mundo, fortaleciendo la resiliencia ante eventos meteorológicos extremos.

FUENTE: elaboración propia derivada de la gráfica que aparece en: https://lrnq.com/SUzMo

Figura 4.3.—Comparación entre las trayectorias del huracán Beryl según diferentes modelos de predicción.

La línea negra muestra la trayectoria real del huracán, que tocó tierra el 8 de julio de 2024 cerca de Corpus Christi, Texas. En naranja, la predicción realizada por el modelo de IA GraphCast, que anticipó con varios días de antelación un impacto en la costa texana. En azul, la trayectoria estimada por modelos numéricos tradicionales, que apuntaban inicialmente hacia la península de Yucatán. El episodio evidenció la capacidad de la IA para generar pronósticos más precisos y eficientes en tiempo real.

Un ejemplo reciente ilustra hasta qué punto estos modelos están alcanzando niveles operativos. En julio de 2024, mientras el huracán Beryl atravesaba el Caribe, los modelos numéricos tradicionales del Centro Europeo y del Centro Nacional de Huracanes de Estados Unidos preveían una trayectoria hacia la península de Yucatán (Broad, 2024). Sin embargo, el modelo GraphCast, operando en un sistema mucho más compacto, anticipó cuatro días antes un impacto en la costa de Texas. Finalmente, el 8 de julio, Beryl tocó tierra cerca de Corpus Christi —una ciudad portuaria del sureste de Texas, en el golfo de México—, justo donde la IA lo había predicho. El episodio puso de manifiesto no solo la precisión del modelo, sino también su rapidez y eficiencia, generando pronósticos en segundos. Según sus desarrolladores, GraphCast superó a los modelos tradicionales en más del 90 % de los casos evaluados durante las pruebas. No es casualidad que el Centro Europeo haya comenzado a integrar esta tecnología en sus sistemas de predicción operativos. El caso de Beryl marca, para muchos, un antes y un después en la historia de la predicción meteorológica.

El desafío de la generalización

A pesar de sus avances impresionantes, los modelos meteorológicos de IA no son infalibles. Uno de sus mayores retos se llama «generalización». ¿Qué significa esto? Que, aunque un modelo funcione muy bien con situaciones similares a las que ha visto durante su entrenamiento, puede fallar estrepitosamente cuando se enfrenta a algo realmente nuevo. En el caso de las DANAs esto es especialmente importante. Estos fenómenos son poco frecuentes y, cuando ocurren, pueden tener características únicas. Un modelo entrenado con datos de otras tormentas o de DANAs anteriores puede no saber cómo reaccionar ante una nueva que tenga un comportamiento diferente, una trayectoria inesperada o se combine con otros factores atípicos.

Pensemos en una IA que ha aprendido a reconocer perros porque ha visto miles de fotos. Si un día le mostramos un perro disfrazado con un sombrero y gafas de sol, puede que dude. Lo mismo ocurre con la atmósfera: si un modelo nunca ha visto una combinación concreta de temperaturas, vientos y humedad como la que da lugar a una DANA particularmente inusual, puede no detectarla a tiempo o predecirla mal. Por eso, los científicos trabajan constantemente en mejorar la capacidad de los modelos de IA para enfrentarse a situaciones nuevas. Una estrategia consiste en entrenarlos con una variedad mucho mayor de escenarios, incluyendo datos simulados o generados artificialmente que amplíen su *«experiencia»*. Otra opción es combinar IA con conocimientos físicos —la denominada *IA informada por física* (Kashinath et al., 2021)— para que el modelo no solo se base en patrones estadísticos, sino que también tenga incorporadas reglas básicas de cómo funciona la atmósfera.

Es un campo en evolución. La clave está en encontrar el equilibrio entre la velocidad y eficiencia de la IA y la robustez y fiabilidad de la física. Solo así podremos confiar plenamente en estas herramientas para anticipar incluso los eventos más inesperados. Esta incertidumbre exige un entrenamiento cuidadoso con datos de alta calidad, diversificados temporal y geográficamente. Además, se están explorando enfoques híbridos que combinan restricciones físicas con redes neuronales, para mantener la coherencia con los principios de conservación energética y dinámica de fluidos (Beucler et al., 2021).

ÉTICA, SESGOS Y CONFIANZA

La IA promete una nueva era en la predicción meteorológica, pero con ella llegan también nuevas preguntas éticas, técnicas y sociales que no podemos ignorar. Aunque se trata de herramientas altamente sofisticadas, no dejan de ser producto de decisiones humanas. Y como todo lo humano, dichas herramientas están sujetas a errores, limitaciones y sesgos. Uno de los desafíos más relevantes es el de los sesgos en los datos. Los modelos de IA no tienen intuición ni sentido común: simplemente aprenden de lo que se les da. Si los datos de entrenamiento contienen errores, omisiones o desequilibrios, el modelo los perpetuará. Por ejemplo, muchas regiones del planeta —especialmente en el hemisferio sur o en áreas de difícil acceso— cuentan con redes de observación menos densas que Europa o Norteamérica. Esto implica que los modelos tendrán menos información y, por tanto, menor precisión al hacer predicciones para esas zonas. Pero el sesgo no es solo geográfico. También puede ser temporal: los registros más abundantes suelen concentrarse en las últimas décadas, lo que puede limitar la capacidad de la IA para anticipar eventos poco frecuentes o inéditos. Y existe además un sesgo de variables: mientras que contamos con datos muy precisos de temperatura y presión, otras variables, como la microfísica de nubes, la energía disponible para la convección o el contenido de agua precipitable, son más difíciles de medir con precisión, y por tanto se incluyen menos en los modelos.

Otro gran tema es la opacidad de los modelos. Muchas de las redes neuronales utilizadas para la predicción son tan complejas que funcionan como verdaderas cajas negras: generan una salida, pero resulta muy difícil saber exactamente qué procesos internos han llevado a esa conclusión. Esto representa un problema enorme en meteorología, donde las decisiones deben ser justificables, especialmente cuando afectan a la vida de miles de personas. Si un modelo advierte sobre la posibilidad de una DANA extrema, ¿en qué se basa? ¿Es una señal firme o una corazonada algorítmica? ¿Qué variables han sido decisivas? En un contexto operativo —como el de protección civil— no basta con saber que puede haber una tormenta: hay que saber con cuánta seguridad, con qué margen de error y cuáles son las posibles alternativas.

Por eso, también en este contexto se están desarrollando herramientas de explicabilidad, que permiten «abrir» la red neuronal y entender qué parte del modelo está reaccionando ante qué señales (McGovern et al., 2019). Estas herramientas aún están en evolución, pero son esenciales para generar confianza y permitir que los meteorólogos humanos interactúen de forma efectiva con los sistemas automatizados. Además, no podemos olvidar la dimensión institucional. ¿Quién entrena estos modelos? ¿Quién tiene acceso a ellos? ¿Qué pasa si los mejores sistemas predictivos del mundo están controlados por empresas privadas, que priorizan beneficios antes que transparencia o acceso universal? La meteorología ha sido tradicionalmente un servicio público y cooperativo entre países. El auge de la IA no debería romper ese espíritu.

Por último, está la cuestión de la confianza social. La IA puede ser poderosa, pero si la ciudadanía no la entiende o desconfía de ella, su utilidad será limitada. Es crucial que las predicciones automatizadas estén acompañadas de explicaciones claras y del respaldo de expertos humanos que validen, traduzcan y comuniquen sus resultados. Solo así conseguiremos que la inteligencia artificial no solo sea precisa, sino también aceptada y útil para todos.

IA Y CIENCIA METEOROLÓGICA: CONVERGENCIA NECESARIA

De nuevo en este contexto a veces se plantea el debate de forma tajante: ¿la IA va a reemplazar a los meteorólogos humanos? ¿Dejaremos de necesitar los modelos tradicionales? La realidad es mucho más interesante y, afortunadamente, menos dramática. Y de nuevo en este campo, en lugar de una sustitución lo que está ocurriendo es una colaboración cada vez más estrecha entre el saber científico y las nuevas herramientas tecnológicas. La meteorología lleva más de medio siglo perfeccionando modelos físicos que describen con gran precisión cómo se comporta la atmósfera. Es un conocimiento acumulado que no puede ni debe desecharse. La IA, en cambio, ofrece una nueva forma de mirar los datos: puede detectar patrones ocultos, acelerar cálculos y combinar fuentes de información de manera ágil. Si se combinan ambas aproximaciones, los resultados pueden ser mucho más potentes que por separado.

Esta sinergia ya se está materializando en proyectos como Weather-Bench (Rasp et al., 2020), FourCastNet (Pathak et al., 2022) y GenCast (Price et al., 2025). Estas iniciativas proponen algo muy sensato: comparar modelos tradicionales e IA bajo las mismas condiciones, usando los mismos datos y evaluando de forma clara cuál se comporta mejor, cuándo y por qué. Esto no solo ayuda a mejorar los modelos, sino que genera confianza en las herramientas nuevas, tanto dentro como fuera del ámbito científico. Una ventaja notable de esta convergencia es que permite reducir errores sistemáticos. Los modelos físicos pueden fallar, por ejemplo, en ciertas regiones montañosas o costeras, donde las condiciones locales alteran el comportamiento de las masas de aire. La IA, en cambio, puede corregir estos errores recurrentes porque aprende directamente de los datos reales, no de una simulación idealizada. Cuando ambos modelos se utilizan juntos —el físico aportando coherencia y la IA afinando los detalles— se consigue un resultado más robusto.

Además, esta colaboración permite mejorar la comunicación con la sociedad. La predicción del tiempo no es solo un problema matemático; es una herramienta para la toma de decisiones en agricultura, aviación, gestión del agua, respuesta ante catástrofes... Para que sea útil, debe traducirse en mensajes claros, útiles y accionables. Aquí, la combinación de IA y experiencia humana es clave: la máquina puede detectar lo que ocurre, pero el humano sabe cómo contarlo, cómo contextualizarlo y qué implicaciones tiene.

En el ámbito educativo y científico, esta convergencia también abre nuevas puertas. Universidades y centros de investigación están desarrollando programas multidisciplinares donde meteorólogos, informáticos, estadísticos, ingenieros y físicos trabajan codo a codo. Esta mezcla de saberes, que antes solían estar compartimentados, es ahora esencial para formar una nueva generación de profesionales capaces de enfrentarse a la complejidad del sistema climático con herramientas del siglo xxi. Aprender meteorología ya no es solo conocer la dinámica de fluidos, resolver ecuaciones de Navier-Stokes o interpretar mapas sinópticos. Hoy también significa comprender cómo funcionan las redes neuronales profundas, cómo evaluar la robustez de un modelo basado en datos o cómo integrar criterios éticos en la toma de decisiones automatizadas.

Y no menos importante es el aspecto internacional. Las agencias meteorológicas de diferentes países, que ya colaboran en redes como el ECMWF o la Organización Meteorológica Mundial, están explorando cómo compartir algoritmos, datos y buenas prácticas en IA (World Meteorological Organization, 2023). La IA no debería ser un terreno de competencia opaca, sino una oportunidad para fortalecer la cooperación científica global. Porque, al final, el objetivo no es solo saber si mañana va a llover, sino prepararnos mejor como sociedad ante lo que venga. Y en ese desafío, ciencia e IA tienen que ir de la mano. Uno aporta el saber acumulado, la experiencia y el juicio crítico; el otro, la capacidad de procesar información a velocidades sobrehumanas. Juntos pueden ofrecernos una predicción del clima que no solo sea más precisa, sino también más humana.

Para concluir, como hemos visto en este capítulo, la meteorología representa uno de los ejemplos más elocuentes de la nueva simbiosis entre ciencia e IA que define lo que llamamos Ciencia 5.0. La predicción meteorológica, tradicionalmente ligada al cálculo físico y a la observación empírica, se ha transformado en un laboratorio de vanguardia donde el conocimiento se genera también desde el aprendizaje automático y la integración masiva de datos. En el próximo capítulo veremos cómo esta convergencia da un paso más allá cuando la IA se aplica al ámbito de la salud, donde los algoritmos están aprendiendo a detectar patrones en imágenes médicas y datos clínicos que escapan incluso al ojo más entrenado, abriendo nuevas posibilidades para el diagnóstico temprano y la medicina de precisión.

Bibliografía

Bauer, P., Thorpe, A. y Brunet, G. (2015). The quiet revolution of numerical weather prediction. *Nature, 525,* 47-55.

Ben Bouellègue, Z., Clare, M. C. A., Magnusson, L., Gascón, E., Maier-Gerber, M., Janoušek, M., Rodwell, M., Pinault, F., Dramsch, J. S., Lang, S. T. K., Raoult,

B., Rabier, F., Chevallier, M., Sandu, I., Dueben, P., Chantry, M. y Pappenberger, F. (2024). The rise of data-driven weather forecasting: A first statistical assessment of machine learning-based weather forecasts in an operational-like context. *Bulletin of the American Meteorological Society, 105,* E864-E883.

Beucler, T., Pritchard, M., Rasp, S., Ott, J., Baldi, P. y Gentine, P. (2021). Enforcing analytic constraints in neural networks emulating physical systems. *Physical Review Letters, 126,* 098302.

Bi, K., Xie, L., Zhang, H., Chen, X., Gu, X. y Tian, Q. (2023). Accurate medium-range global weather forecasting with 3D neural networks. *Nature, 619*(7970), 533-538.

Broad, W. J. (2024, 29 de julio). Artificial intelligence gives weather forecasters a new edge. *The New York Times.* https://www.nytimes.com/interactive/2024/07/29/science/ai-weather-forecast-hurricane.html

Dueben, P. D., Chantry, M., Weyn, J. A., Scher, S. y Schultz, M. G. (2022). Machine learning for weather and climate modelling. *Philosophical Transactions of the Royal Society A, 380*(2233), 20210091.

European Centre for Medium-Range Weather Forecasts (ECMWF) (2024). *Forecast Model Documentation.* https://www.ecmwf.int/

Francis, J. A. y Vavrus, S. J. (2015). Evidence for a wavier jet stream in response to rapid Arctic warming. *Environmental Research Letters, 10*(1), 014005.

Hoskins, B. J., McIntyre, M. E. y Robertson, A. W. (1985). On the use and significance of isentropic potential vorticity maps. *Quarterly Journal of the Royal Meteorological Society, 111*(470), 877-946.

Kalnay, E. (2003). *Atmospheric Modeling, Data Assimilation and Predictability.* Cambridge University Press.

Kashinath, K., Mustafa, M., Albert, A. et al. (2021). Physics-informed machine learning: Case studies for weather and climate modelling. *Philosophical Transactions of the Royal Society A, 379*(2194), 20200093.

Lam, R., Alet, F., Battaglia, P. et al. (2023). GraphCast: Learning skillful medium-range global weather forecasting. *Science, 382*(6673), 1416-1421.

Lorenz, E. N. (1963). Deterministic nonperiodic flow. *Journal of the Atmospheric Sciences, 20*(2), 130-141.

McGovern, A., Lagerquist, R., Gagne, D. J., Jergensen, G. E., Elmore, K. L., Homeyer, C. R. y Smith, T. (2019). Making the black box more transparent: Understanding the physical implications of machine learning. *Bulletin of the American Meteorological Society, 100*(11), 2175-2199.

Nieto, R., Sprenger, M., Wernli, H., Trigo, R. M. y Gimeno, L. (2008). Identification and climatology of cut-off lows near the tropopause. *Annals of the New York Academy of Sciences, 1146,* 256-290.

Pathak, J., Subramanian, S., Harrington, P. et al. (2022). FourCastNet: A global data-driven high-resolution weather model using adaptive Fourier neural operators. *arXiv preprint arXiv:2202.11214.* https://arxiv.org/abs/2202.11214

Price, I., Sanchez-Gonzalez, A., Alet, F. et al. (2025). Probabilistic weather forecasting with machine learning. *Nature, 637,* 84-90.

Rasp, S., Dueben, P. D., Scher, S. et al. (2020). WeatherBench: A benchmark dataset for data-driven weather forecasting. *Journal of Advances in Modeling Earth Systems, 12*(11), e2020MS002203.

Romero, R., Doswell, C. A. y Ramis, C. (2000). Mesoscale numerical study of two cases of long-lived quasistationary convective systems over eastern Spain. *Monthly Weather Review, 128*(11), 3731-3751.

World Meteorological Organization (WMO) (2023). *WMO Unified Data Policy.* https://wmo.int/wmo-unified-data-policy-resolution-res1

5

ALGORITMOS CON OLFATO CLÍNICO: LA IA QUE DETECTA LO QUE EL OJO HUMANO NO VE

«La medicina es una ciencia de la incertidumbre
y un arte de la probabilidad.»
WILLIAM OSLER, padre de la medicina moderna

UN SEGUNDO PAR DE OJOS INCANSABLE

Comienza una mañana cualquiera en el servicio de radiología de un gran hospital. El radiólogo de guardia se sienta frente a su pantalla con una taza de café humeante y una lista de más de cien estudios pendientes: radiografías de tórax, tomografías abdominales, resonancias cerebrales... Cada imagen esconde potencialmente una historia de vida o muerte: un nódulo pulmonar diminuto que podría ser el primer signo de un cáncer, una pequeña hemorragia cerebral que pasa desapercibida entre los pliegues del tejido, una fractura sutil en una vértebra que el paciente ni siquiera sospecha. El médico tiene que examinar cada estudio con atención, dictando informes uno tras otro, consciente de que un error de observación puede tener consecuencias devastadoras. Y todo esto mientras el teléfono no para de sonar, los residentes hacen preguntas y la lista de estudios pendientes sigue creciendo.

Esta escena se repite cada día en miles de hospitales de todo el mundo. La radiología médica ha experimentado un crecimiento exponencial en las últimas décadas: según datos de la Organización para la Cooperación y el Desarrollo Económicos (OCDE, 2023), el número de estudios de imagen por habitante se ha triplicado desde el año 2000 en los países desarrollados. Las tomografías computarizadas, las resonancias magnéticas y los estudios de medicina nuclear se han convertido en herramientas diagnósticas de primera línea para una enorme variedad de patologías. El problema es que el número de radiólogos no ha crecido al mismo ritmo. En muchos países existe un déficit crónico de especialistas, lo que obliga a los que ejercen a trabajar bajo una presión cada vez mayor.

Es precisamente en este contexto donde la IA ha irrumpido con una promesa tentadora: ¿y si pudiéramos entrenar algoritmos capaces de analizar imágenes médicas con la misma precisión, o incluso mayor, que un especialista humano? ¿Y si esos algoritmos pudieran trabajar las veinticuatro horas del día, sin cansarse, sin distraerse, sin que su rendimiento decayera después de horas de trabajo continuo? La idea no es nueva, pero solo en los últimos años se ha convertido en una realidad tangible, gracias a los avances en aprendizaje profundo que hemos explorado en capítulos anteriores.

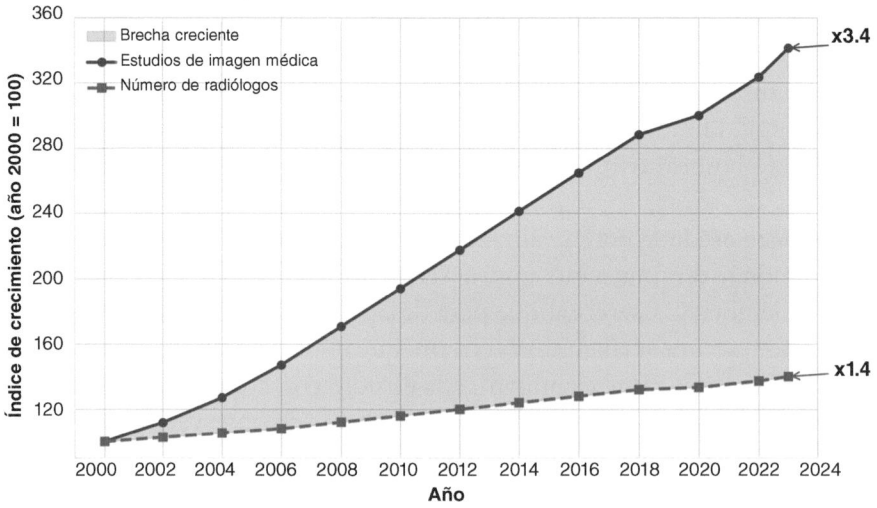

FUENTE: elaboración propia a partir de datos de OECD Health Statistics (2023).

Figura 5.1.—La explosión de la imagen médica.

Evolución del número de estudios de imagen médica (radiografías, tomografías, resonancias) y del número de radiólogos en países de la OCDE entre 2000 y 2023. El índice de crecimiento representa la variación relativa respecto al año 2000, tomado como referencia (valor 100). Así, un valor de 340 indica que la magnitud se ha multiplicado por 3,4 respecto al valor inicial. El área sombreada ilustra la brecha creciente entre la demanda de estudios diagnósticos y la capacidad de la fuerza laboral radiológica para atenderla.

La historia de la IA en imagen médica tiene un hito fundacional que merece ser contado. En 2012, un equipo de investigadores de la Universidad de Toronto, liderado por Geoffrey Hinton, ganó de forma aplastante el concurso ImageNet, una competición anual donde los algoritmos compiten por clasificar millones de fotografías en miles de categorías diferentes (Krizhevsky et al., 2012). Lo revolucionario no fue solo que ganaran, sino cómo lo hicieron: utilizando una red neuronal profunda con múltiples capas convolucionales, entrenada con millones de ejemplos. El margen de victoria fue tan amplio que marcó el inicio de lo que hoy conocemos como la revolución del aprendizaje profundo. Y aunque ImageNet trataba de fotografías cotidianas —perros, coches, flores, edificios—, los investigadores del campo médico se dieron cuenta inmediatamente de que las mismas técnicas podrían aplicarse a las imágenes que ellos manejaban cada día.

El salto de las fotografías de perros a las radiografías de pulmones no fue trivial, pero tampoco imposible. Al fin y al cabo, una red neuronal convolucional no «sabe» que está mirando un gato o un tumor: solo ve patrones de píxeles, texturas, formas y contrastes. Si le das suficientes ejemplos etiquetados correctamente, aprenderá a distinguir lo normal de lo anormal con la misma eficacia con la que distingue un golden retriever de un pastor alemán. La diferencia fundamental es que, en medicina, las consecuencias de un error son infinitamente más graves, y por tanto los estándares de validación tienen que ser mucho más rigurosos.

CUANDO LOS ALGORITMOS SUPERAN AL OJO EXPERTO

El primer gran estudio que demostró que la IA podía igualar o superar a los médicos en tareas diagnósticas específicas se publicó en 2016 y trataba sobre una enfermedad que afecta a millones de personas en todo el mundo: la retinopatía diabética (Gulshan et al., 2016). Esta complicación de la diabetes daña progresivamente los pequeños vasos sanguíneos de la retina, el tejido sensible a la luz que recubre el interior del ojo. Si no se detecta a tiempo, puede provocar ceguera irreversible. El problema es que la detección temprana requiere que un oftalmólogo examine fotografías del fondo de ojo de cada paciente diabético, algo que en muchos países simplemente no es viable por falta de especialistas.

El equipo de *Google Health* entrenó una red neuronal profunda con casi 130.000 imágenes de fondo de ojo, cada una etiquetada por un panel de oftalmólogos certificados que indicaban si mostraba signos de retinopatía y, en caso afirmativo, cuál era su gravedad. El resultado fue sorprendente: el algoritmo alcanzó una sensibilidad y especificidad comparables a las de un oftalmólogo experto. En otras palabras, detectaba la enfermedad con la misma frecuencia que un especialista humano y cometía aproximadamente el mismo número de falsos positivos. Pero con una diferencia crucial: el algoritmo podía analizar miles de imágenes en el tiempo que un médico tardaba en ver unas pocas.

Este estudio abrió las compuertas. En los años siguientes, una avalancha de investigaciones demostró que las redes neuronales profundas podían alcanzar niveles de precisión similares o superiores a los especialistas humanos en una variedad impresionante de tareas diagnósticas. En dermatología, algoritmos entrenados con cerca de 130.000 fotografías de lesiones cutáneas lograron distinguir los melanomas malignos de los lunares benignos con una precisión comparable a la de dermatólogos certificados (Esteva et al., 2017). En patología, redes neuronales entrenadas con imágenes de biopsias de ganglios linfáticos detectaban metástasis de cáncer de mama con mayor sensibilidad que los patólogos, aunque con algo más de falsos positivos (Liu et al., 2017). En radiología de tórax, sistemas de IA identificaban neumonías, tuberculosis y nódulos pulmonares sospechosos con una precisión que rivalizaba con la de radiólogos experimentados (Rajpurkar et al., 2017).

La clave de todos estos avances residía en algo que ya hemos explorado en capítulos anteriores: la capacidad de las redes neuronales profundas para aprender representaciones jerárquicas de los datos. En el caso de las imágenes médicas, esto significa que las primeras capas de la red aprenden a detectar características muy básicas, como bordes y texturas, mientras que las capas más profundas combinan esas características en patrones cada vez más complejos y abstractos. Una red entrenada para detectar retinopatía diabética, por ejemplo, aprende primero a identificar los vasos sanguíneos de la retina, luego a detectar microaneurismas y hemorragias, y finalmente a evaluar la gravedad global de la enfermedad combinando todas esas señales. Todo esto sin que nadie le haya enseñado explícitamente qué es un vaso sanguíneo o cómo se ve una hemorragia: lo descubre por sí misma a partir de los ejemplos.

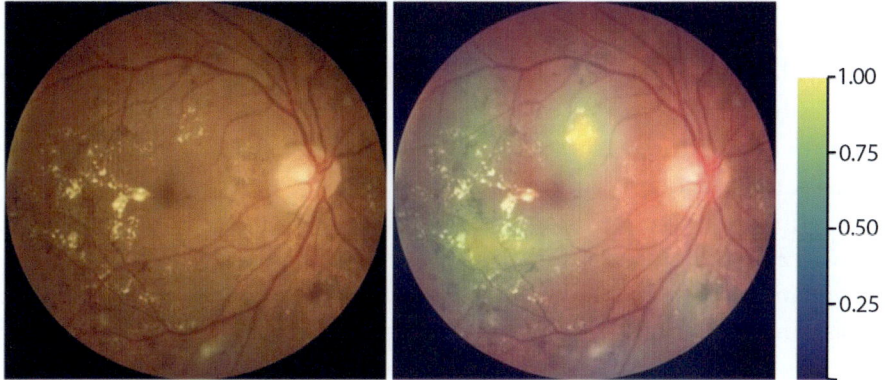

FUENTE: De Lu et al. (2021). *Annals of Translational Medicine*, 9(3), 226. CC BY-NC-ND 4.0., https://pmc.ncbi.nlm.nih.gov/articles/PMC7940941/figure/f4/

Figura 5.2.—El algoritmo que previene la ceguera.

Análisis automatizado de una imagen de fondo de ojo mediante IA. Izquierda: Fotografía original del fondo ocular de un paciente con retinopatía diabética referable, donde se observan las lesiones características de la enfermedad. Derecha: Mapa de calor generado por la red neuronal convolucional, superpuesto sobre la imagen original. Las zonas más brillantes indican las regiones que el algoritmo identifica como más relevantes para el diagnóstico: exudados duros, hemorragias retinianas y signos de neovascularización. Esta visualización permite a los oftalmólogos comprender el razonamiento del algoritmo y verificar sus conclusiones.

LA DEMOCRATIZACIÓN DEL DIAGNÓSTICO

Uno de los ejemplos más emblemáticos de esta revolución es *CheXNet*, un sistema desarrollado por investigadores de la Universidad de Stanford que fue diseñado para analizar radiografías de tórax (Rajpurkar et al., 2017). La radiografía de tórax es probablemente el estudio de imagen más común en medicina: se utiliza para diagnosticar neumonías, detectar tuberculosis, evaluar el tamaño del corazón, identificar derrames pleurales y muchas otras patologías. Es también uno de los estudios más difíciles de interpretar correctamente, porque las estructuras se superponen en una imagen bidimensional y las lesiones pueden ser muy sutiles.

El equipo de Stanford entrenó una red neuronal profunda con más de 100.000 radiografías de tórax provenientes de los Institutos Nacionales de Salud de Estados Unidos, cada una etiquetada con hasta catorce posibles diagnósticos. El resultado fue un sistema capaz de detectar una neumonía con mayor precisión que un panel de cuatro radiólogos certificados. Pero lo verdaderamente revolucionario no fue solo la precisión del sistema, sino su accesibilidad: los investigadores publicaron tanto el código como los parámetros del modelo, permitiendo que cualquier hospital del mundo pudiera utilizar la tecnología sin coste alguno.

Las implicaciones de esto son enormes. En muchos países en desarrollo, la escasez de radiólogos es tan significativa que los pacientes pueden esperar semanas o meses para obtener un informe de una simple radiografía. En zonas rurales remotas puede que ni siquiera haya un especialista disponible a cientos de kilómetros. Un sistema como CheXNet, que puede ejecutarse en un ordenador portátil conectado a un equipo de rayos X básico, tiene el potencial de democratizar el acceso al diagnóstico de una manera que habría sido impensable hace apenas una década. Un técnico de rayos X en una clínica rural de África puede tomar una imagen, subirla a la nube, y obtener en segundos una evaluación preliminar que identifica los casos urgentes que necesitan ser vistos por un especialista.

Esta visión ya está empezando a materializarse. En la India, por ejemplo, varios estados han implementado programas piloto donde sistemas de IA analizan radiografías de tórax en busca de signos de tuberculosis, una enfermedad que sigue siendo endémica en muchas regiones del país (Qin et al., 2019). En países africanos, proyectos similares utilizan la IA para el cribado de retinopatía diabética en poblaciones que de otra manera nunca tendrían acceso a un oftalmólogo (Beede et al., 2020). No se trata de reemplazar a los médicos, sino de extender su alcance: la IA actúa como un primer filtro que identifica los casos que requieren atención urgente, permitiendo que los especialistas concentren su tiempo y energía donde más se necesitan.

MÁS ALLÁ DE LAS IMÁGENES: LA IA EN EL DIAGNÓSTICO INTEGRAL

Aunque la imagen médica ha sido el campo donde la IA ha logrado sus éxitos más espectaculares, su potencial diagnóstico se extiende mucho más allá. Los datos clínicos de un paciente, desde los análisis de sangre hasta el historial de síntomas, desde los antecedentes familiares hasta los hábitos de vida, contienen una riqueza de información que a menudo supera la capacidad humana de procesamiento. Un médico experimentado puede integrar intuitivamente docenas de variables para llegar a un diagnóstico, pero ¿qué ocurre cuando las variables son cientos o miles?

Un ejemplo fascinante es el diagnóstico de enfermedades raras. Se estima que existen entre 6.000 y 8.000 enfermedades raras diferentes, que en conjunto afectan a entre el 6% y el 8% de la población mundial (Nguengang Wakap et al., 2020). Para cada una de estas enfermedades puede haber solo unos pocos especialistas en todo el mundo capaces de reconocerla. El resultado es lo que se conoce como la «odisea diagnóstica»: pacientes que pasan años visitando médico tras médico, sometiéndose a prueba tras prueba, sin obtener un diagnóstico definitivo. El tiempo medio para diagnosticar una enfermedad rara es de casi cinco años, y durante ese tiempo los pacientes sufren no solo los síntomas de su enfermedad, sino también la angustia de no saber qué les ocurre.

La IA está empezando a acortar esa odisea. Sistemas como *Face2Gene* utilizan el reconocimiento facial para identificar síndromes genéticos que se manifiestan con características faciales distintivas (Gurovich et al., 2019). Otros sistemas analizan los datos genómicos del paciente junto con su historial clínico para sugerir diagnósticos que un médico generalista podría pasar por alto. En un estudio reciente, un sistema de IA fue capaz de diagnosticar correctamente enfermedades raras en pacientes que habían pasado años sin diagnóstico, simplemente analizando los datos que ya estaban disponibles en sus historiales clínicos pero que ningún médico había logrado integrar correctamente (Dias et al., 2019).

Otro campo donde la IA está demostrando un potencial transformador es la predicción de eventos clínicos críticos. DeepMind desarrolló un sistema capaz de predecir el deterioro renal agudo hasta 48 horas antes de que ocurra, analizando patrones en datos de laboratorio, signos vitales y medicaciones que resultan invisibles para el ojo clínico (Tomašev et al., 2019). De manera similar, algoritmos entrenados con datos de electrocardiogramas pueden detectar fibrilación auricular incluso cuando el paciente está en ritmo normal, identificando alteraciones sutiles que predicen episodios futuros (Attia et al., 2019). Estos sistemas no reemplazan al médico, pero actúan como centinelas que alertan sobre pacientes en riesgo antes de que la crisis se manifieste.

Quizá uno de los ejemplos más ambiciosos de diagnóstico multimodal sin imágenes es SleepFM, un modelo fundacional desarrollado por investigadores de Stanford (Thapa et al., 2026). Entrenado con más de 585.000

Conjunto de datos multimodal de sueño

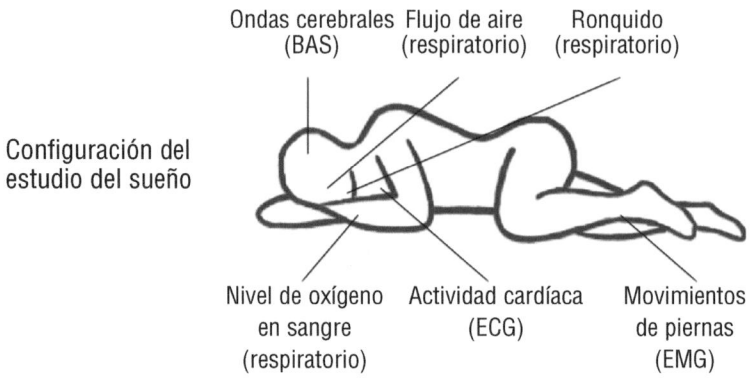

Figura superior con etiquetas: Ondas cerebrales (BAS), Flujo de aire (respiratorio), Ronquido (respiratorio), Configuración del estudio del sueño, Nivel de oxígeno en sangre (respiratorio), Actividad cardíaca (ECG), Movimientos de piernas (EMG)

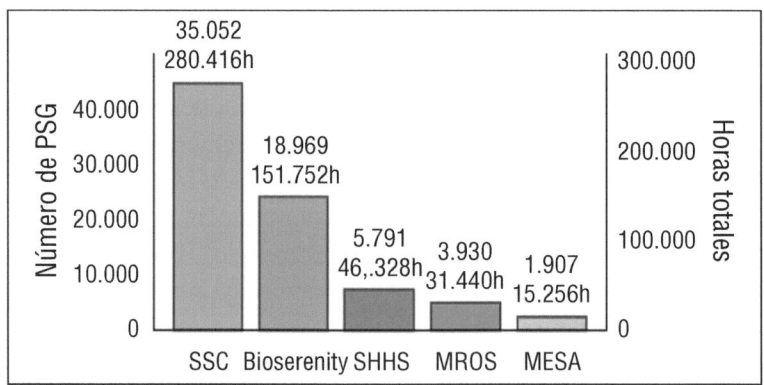

FUENTE: Thapa et al. (2026), *Nature Medicine*, reproducida bajo licencia CC BY 4.0. https://doi.org/10.1038/s41591-025-04133-4

Figura 5.3.—Datos multimodales del sueño para la predicción de enfermedades.

Superior: configuración de un estudio de polisomnografía, mostrando las diferentes señales fisiológicas registradas simultáneamente durante el sueño: ondas cerebrales (EEG), flujo de aire y ronquidos (respiración), nivel de oxígeno en sangre, actividad cardíaca (ECG) y movimientos de las piernas (EMG). Inferior: contribución de cada base de datos al entrenamiento del modelo SleepFM, combinando registros clínicos hospitalarios (SSC, Bioserenity) con grandes estudios poblacionales de seguimiento a largo plazo (SHHS, MrOS, MESA). En total, más de 65.000 noches de sueño fueron utilizadas, el equivalente a observar dormir a una persona cada noche durante casi 180 años.

horas de registros de polisomnografía de 65.000 participantes, SleepFM integra señales cerebrales, cardíacas, respiratorias y musculares para predecir el riesgo futuro de más de 130 enfermedades a partir de una sola noche de sueño. Este modelo de IA logra distinguir correctamente entre pacientes de alto y bajo riesgo en más del 80% de los casos, tanto para mortalidad como para demencia, infarto de miocardio e insuficiencia cardíaca. Lo revolucionario aquí no es analizar una imagen, sino extraer patrones predictivos de señales fisiológicas que los médicos tradicionalmente interpretan de forma aislada.

Y quizá lo más prometedor para el diagnóstico precoz del cáncer no venga de mejores imágenes, sino de la sangre. Diferentes grupos de investigación están desarrollando pruebas de biopsia líquida que pueden detectar múltiples tipos de cáncer a partir de una simple extracción sanguínea, analizando fragmentos de ADN tumoral circulante con técnicas de aprendizaje automático (Cohen et al., 2018). Un análisis rutinario de sangre podría, en un futuro cercano, alertar sobre la presencia de un tumor años antes de que produzca síntomas o sea visible en cualquier imagen.

Escuchando Al Corazón: IA para el diagnóstico cardiológico

El corazón, ese músculo incansable que late más de cien mil veces al día, ha sido objeto de fascinación médica desde los albores de la historia. Y también uno de los órganos más difíciles de diagnosticar correctamente. Las enfermedades cardiovasculares siguen siendo la principal causa de muerte en el mundo, responsables de casi 18 millones de fallecimientos anuales según la Organización Mundial de la Salud (OMS, 2021). La detección temprana de arritmias, insuficiencia cardíaca y otros trastornos puede salvar millones de vidas, pero requiere un nivel de experiencia que no siempre está disponible.

El electrocardiograma, o ECG, es la herramienta diagnóstica más utilizada en cardiología. Registra la actividad eléctrica del corazón a través de electrodos colocados en la piel, generando esas ondas características que todos hemos visto en películas y series de televisión. Un cardiólogo experimentado puede detectar decenas de patologías diferentes analizando las sutiles variaciones en la forma, duración y amplitud de esas ondas. Pero interpretar un ECG correctamente requiere años de formación, e incluso los expertos pueden discrepar en casos complejos.

En 2019, investigadores de la Clínica Mayo publicaron un estudio que causó sensación en el mundo médico (Attia et al., 2019). Habían entrenado una red neuronal profunda con electrocardiogramas de casi 45.000 pacientes para detectar una condición llamada disfunción ventricular izquierda, un debilitamiento del músculo cardíaco que precede a la insuficiencia cardíaca. Lo extraordinario fue que el algoritmo podía detectar esta condición a partir de un ECG normal, sin necesidad de un ecocardiograma, que es la prueba habitual para diagnosticarla. En otras palabras, la IA estaba «viendo» señales en el ECG que los cardiólogos humanos no habían aprendido a reconocer. Patrones sutiles, quizá invisibles al ojo humano, pero que contenían información valiosa sobre el estado del corazón.

Este descubrimiento tiene implicaciones profundas. Un ECG es una prueba barata, rápida y ampliamente disponible, mientras que un ecocardiograma requiere equipamiento especializado y personal técnico formado. Si un simple ECG puede proporcionar información que antes requería pruebas mucho más costosas, el cribado cardiovascular podría extenderse a poblaciones que actualmente no tienen acceso a él. Estudios posteriores han demostrado que la IA puede utilizar ECGs para predecir la edad biológica del corazón, detectar fibrilación auricular silente y estimar el riesgo de muerte súbita cardíaca (Raghunath et al., 2020).

La revolución no se limita al ECG tradicional. Los relojes inteligentes y las pulseras de actividad física que millones de personas llevan en su muñeca incorporan sensores capaces de registrar el ritmo cardíaco de forma continua. Apple, Samsung y otras compañías han obtenido aprobación regulatoria para utilizar algoritmos de IA que detectan fibrilación auricular, una arritmia que aumenta significativamente el riesgo de accidente cerebrovascular (Pérez et al., 2019). En el futuro cercano es probable que estos dispositivos puedan detectar una gama mucho más amplia de patologías cardíacas, convirtiendo el diagnóstico cardiológico en algo verdaderamente continuo y preventivo.

LA PATOLOGÍA DIGITAL: MICROSCOPIOS CON CEREBRO ARTIFICIAL

Si la radiología ha sido el campo pionero de la IA en imagen médica, la patología le sigue de cerca con avances igualmente impresionantes. El patólogo es el médico que examina muestras de tejido bajo el microscopio para diagnosticar enfermedades, especialmente cáncer. Es un trabajo que requiere una concentración extraordinaria: distinguir una célula cancerosa de una célula normal puede depender de diferencias sutilísimas en el tamaño del núcleo, la textura del citoplasma o la organización del tejido. Un patólogo experimentado puede pasar horas examinando una sola biopsia, especialmente cuando el diagnóstico es difícil o las consecuencias de un error son graves.

La digitalización de la patología, donde las muestras de tejido se escanean a alta resolución y se examinan en pantalla en lugar de a través del ocular del microscopio, ha abierto la puerta a la aplicación de técnicas de IA. Una imagen de una biopsia escaneada puede contener miles de millones de píxeles, mucha más información de la que cualquier ser humano puede procesar conscientemente. Para una red neuronal, sin embargo, esa inmensa cantidad de datos es una oportunidad: más píxeles significa más patrones que aprender, más correlaciones que descubrir.

En 2017, un equipo de investigadores de Google Brain demostró que una red neuronal podía detectar metástasis de cáncer de mama en biopsias de ganglios linfáticos con mayor sensibilidad que un panel de patólogos (Liu et al., 2017). El algoritmo era especialmente bueno en detectar micrometástasis, pequeños grupos de células cancerosas que pueden pasar desapercibidos incluso para el ojo más entrenado. En condiciones de tiempo ilimitado, los patólogos humanos alcanzaban niveles de precisión similares, pero la IA podía analizar una biopsia en segundos, mientras que un humano necesitaba minutos u horas.

Estudios posteriores han extendido estos resultados a otros tipos de cáncer. En cáncer de próstata, algoritmos de IA han demostrado ser capaces de graduar tumores, es decir, evaluar su agresividad, con una consistencia superior a la de los patólogos humanos, que a menudo discrepan significativamente entre sí en esta tarea (Bulten et al., 2020). En cáncer de piel, sistemas de IA distinguen melanomas de lesiones benignas con precisión comparable a la de dermatopatólogos certificados (Haenssle et al., 2018). Y lo más fascinante: algunos estudios sugieren que la IA puede predecir características moleculares del tumor, como mutaciones genéticas específicas, simplemente analizando la apariencia del tejido bajo el microscopio, algo que tradicionalmente requería costosos análisis genéticos (Coudray et al., 2018).

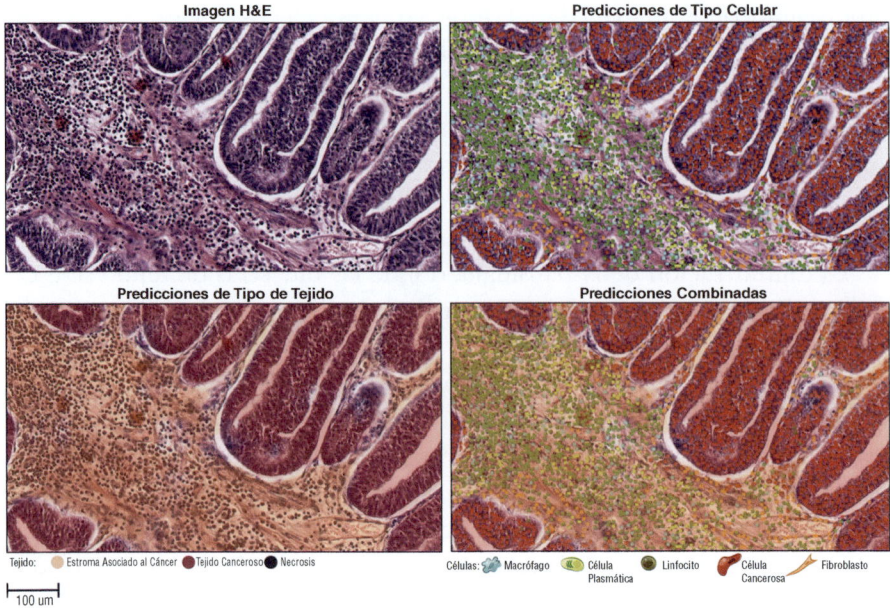

FUENTE: adaptada de Diao et al. (2021), *Nature Communications*, bajo licencia CC BY 4.0. https://www.nature.com/articles/s41467-021-21896-9

Figura 5.4.—Análisis automatizado de tejido tumoral mediante IA.

Arriba izquierda: imagen de una muestra de adenocarcinoma gástrico teñida con hematoxilina y eosina (H&E), tal como la observaría un patólogo al microscopio. Arriba derecha: clasificación automática de cada célula individual realizada por una red neuronal profunda, identificando células cancerosas (rojo), linfocitos (verde), fibroblastos (amarillo), macrófagos (cian) y células plasmáticas (verde claro). Abajo izquierda: segmentación del tejido en regiones según su tipo: tejido canceroso (rojo), estroma asociado al tumor (naranja) y necrosis (negro). Abajo derecha: integración de ambos análisis, mostrando simultáneamente los tipos celulares y tisulares. Este proceso, que a un patólogo le requeriría horas de inspección minuciosa, el algoritmo lo completa en minutos para una muestra completa, identificando decenas de miles de células con una precisión comparable a la de los especialistas humanos.

EL DESAFÍO DE LA CAJA NEGRA

A pesar de todos estos avances, la IA en medicina enfrenta un desafío fundamental que no existe en otras aplicaciones: la necesidad de explicabilidad. Cuando un algoritmo recomienda una película o sugiere una ruta de navegación, no nos importa demasiado saber por qué ha tomado esa decisión. Si se equivoca, las consecuencias son menores. Pero cuando un algoritmo sugiere que un paciente tiene cáncer, tanto el médico como el paciente necesitan entender en qué se basa esa conclusión.

Las redes neuronales profundas son notoriamente opacas. Contienen millones de parámetros que se ajustan durante el entrenamiento, y las decisiones que toman emergen de interacciones complejísimas entre todas esas variables. No hay una fórmula simple que explique por qué el algoritmo ha clasificado una imagen como «tumor maligno» en lugar de «lesión benigna». Esto plantea problemas tanto éticos como prácticos. ¿Cómo puede un médico confiar en una recomendación que no entiende? ¿Cómo puede explicarle al paciente por qué le han diagnosticado determinada enfermedad si ni él mismo sabe cómo ha llegado el algoritmo a esa conclusión?

Existen diversas técnicas para abordar este problema. Los mapas de atención, por ejemplo, muestran qué regiones de una imagen ha «mirado» el algoritmo para tomar su decisión (Zhou et al., 2016). Si un sistema de IA dice que una radiografía muestra neumonía, el mapa de atención puede revelar que está prestando atención a una zona específica del pulmón derecho donde efectivamente hay una opacidad sospechosa. Esto permite al médico verificar que el algoritmo está «razonando» de manera sensata, basándose en características clínicamente relevantes y no en artefactos o correlaciones espurias.

Otras técnicas van más allá. Los métodos de explicación contrafactual muestran qué tendría que cambiar en la imagen para que el algoritmo cambiara su diagnóstico: «si esta lesión fuera un poco más pequeña, o si tuviera bordes más regulares, el algoritmo la clasificaría como benigna» (Singla et al., 2021). Esto proporciona una forma de intuición sobre los criterios que el algoritmo está utilizando, aunque sea de manera indirecta. Y los modelos de atención jerárquica pueden mostrar no solo dónde mira el algoritmo, sino también qué características de alto nivel está considerando: «el algoritmo está prestando atención a la textura de esta región y a su relación espacial con los vasos sanguíneos circundantes».

A pesar de estos avances, la explicabilidad sigue siendo un área de investigación activa y un obstáculo importante para la adopción clínica generalizada de la IA. Muchos médicos siguen siendo reticentes a confiar en recomendaciones que no pueden verificar de forma independiente. Y las autoridades regulatorias, como la Administración de Alimentos y Medicamentos de Estados Unidos (FDA) o la Agencia Europea de Medicamentos (EMA), están desarrollando marcos normativos específicos para los sistemas de IA médica que incluyen requisitos de transparencia y explicabilidad (FDA, 2021).

....

SESGOS, EQUIDAD Y LOS PELIGROS DE LOS DATOS HISTÓRICOS

Si la explicabilidad es un desafío técnico, los sesgos en los sistemas de IA plantean un desafío ético de primera magnitud. Los algoritmos de aprendizaje automático aprenden de los datos que se les proporcionan, y si esos datos reflejan sesgos históricos, el algoritmo los perpetuará e incluso los amplificará. En medicina, donde las desigualdades en el acceso a la atención sanitaria y en la calidad de los datos son endémicas, este problema adquiere una gravedad especial.

Un ejemplo ilustrativo ocurrió cuando investigadores analizaron algoritmos de reconocimiento de imágenes dermatológicas y descubrieron que funcionaban significativamente peor en pacientes con piel oscura (Adamson y Smith, 2018). La razón era sencilla pero preocupante: las bases de datos con las que se habían entrenado estos algoritmos contenían mayoritariamente imágenes de pacientes con piel clara, reflejando los sesgos históricos en la investigación dermatológica. El algoritmo nunca había «aprendido» a reconocer cómo se ven las lesiones cutáneas en piel oscura, simplemente porque no había visto suficientes ejemplos durante su entrenamiento.

Este tipo de sesgo puede tener consecuencias devastadoras. Si un algoritmo de detección de melanoma funciona peor en pacientes negros, esos pacientes recibirán diagnósticos tardíos y, por tanto, tendrán peores pronósticos. La tecnología, lejos de reducir las desigualdades en salud, las estaría agravando. Lo mismo ocurre con otras poblaciones subrepresentadas en los datos médicos: pacientes de minorías étnicas, pacientes de países en desarrollo o pacientes con condiciones raras.

Los sesgos no se limitan a las características demográficas. Un estudio de 2019 reveló que un algoritmo ampliamente utilizado por hospitales estadounidenses para priorizar pacientes para programas de gestión de enfermedades crónicas estaba sistemáticamente discriminando a pacientes afroamericanos (Obermeyer et al., 2019). El algoritmo utilizaba los costes sanitarios históricos como indicador de gravedad de la enfermedad, asumiendo que los pacientes más enfermos gastarían más en atención médica. Pero los pacientes negros, debido a barreras de acceso al sistema sanitario, históricamente habían gastado menos que los pacientes blancos con niveles similares de enfermedad. El resultado era que el algoritmo subestimaba la gravedad de la enfermedad en pacientes negros y les daba menor prioridad para recibir atención.

Abordar estos sesgos requiere un esfuerzo consciente y sistemático. Por un lado, es necesario crear bases de datos más diversas e inclusivas, que representen adecuadamente a todas las poblaciones que utilizarán los sistemas de IA. Por otro lado, es necesario desarrollar técnicas de detección y corrección de sesgos que permitan identificar y mitigar las desigualdades antes de que el algoritmo se despliegue en la práctica clínica. Y, fundamentalmente, es necesario incluir perspectivas diversas en los equipos que desarrollan estos sistemas, para que los sesgos implícitos en los datos y los algoritmos sean identificados y cuestionados desde el principio.

LA COLABORACIÓN HUMANO-MÁQUINA: EL FUTURO DEL DIAGNÓSTICO

A pesar de todos los titulares sensacionalistas sobre algoritmos que «superan a los médicos», la realidad del futuro del diagnóstico médico no es una competición entre humanos y máquinas, sino una colaboración. Los estudios más rigurosos muestran consistentemente que la combinación de un médico humano con un sistema de IA supera tanto al médico solo como al algoritmo solo (Tschandl et al., 2020). El todo es mayor que la suma de las partes.

Esta sinergia tiene sentido cuando pensamos en las fortalezas y debilidades complementarias de humanos y máquinas. Los algoritmos son extraordinariamente buenos en tareas repetitivas y de alto volumen: pueden analizar miles de imágenes sin cansarse, aplicando criterios consistentes a cada una. Son inmunes a las distracciones, a la fatiga y a los sesgos cognitivos que afectan a los humanos. Pero los médicos aportan algo que ningún algoritmo actual puede replicar: comprensión contextual, razonamiento causal y comunicación empática con el paciente. Un algoritmo puede detectar que una radiografía muestra una masa sospechosa, pero es el médico quien integra esa información con la historia clínica del paciente, sus preferencias y su situación familiar para decidir el mejor curso de acción.

Los sistemas de IA más prometedores no intentan reemplazar al médico, sino potenciarlo. Actúan como un «segundo par de ojos» incansable que revisa cada imagen, cada dato, cada resultado de laboratorio, alertando al médico cuando detecta algo anormal. Priorizan los casos más urgentes para que reciban atención inmediata. Proporcionan diagnósticos diferenciales que el médico puede considerar junto con su propia evaluación. Sugieren pruebas adicionales que podrían ayudar a confirmar o descartar un diagnóstico. Y, algo fundamental, liberan tiempo del médico para que pueda dedicarse a lo que solo los humanos pueden hacer: escuchar al paciente, explicar las opciones y proporcionar apoyo emocional.

Esta visión de colaboración está empezando a materializarse en hospitales de todo el mundo. En algunos centros, los sistemas de IA revisan automáticamente todas las radiografías de tórax que se realizan, priorizando aquellas que muestran hallazgos críticos para que sean informadas primero. En otros, los algoritmos asisten a los patólogos señalando las regiones de una biopsia que requieren mayor atención. En urgencias, sistemas de triaje basados en IA ayudan a clasificar a los pacientes según la gravedad de su condición, asegurando que los casos más graves sean atendidos primero.

Los médicos que han trabajado con estos sistemas reportan experiencias generalmente positivas. Lejos de sentirse amenazados o desplazados, muchos aprecian la ayuda que les proporciona la IA, especialmente en turnos de guardia extenuantes o cuando el volumen de trabajo es abrumador (Jungmann et al., 2020). La clave está en diseñar sistemas que se integren naturalmente en el flujo de trabajo clínico, que proporcionen información útil sin generar alarmas excesivas, y que permitan al médico mantener el control final sobre las decisiones diagnósticas y terapéuticas.

Regulación y confianza: el camino hacia la adopción clínica

Para que la IA diagnóstica pase de los laboratorios de investigación a la práctica clínica generalizada, es necesario superar importantes barreras regulatorias y generar confianza tanto en los profesionales como en los pacientes. Los dispositivos médicos, incluidos los sistemas de *software* con funciones diagnósticas, están sujetos a regulaciones estrictas que buscan garantizar su seguridad y eficacia antes de que puedan utilizarse en pacientes reales.

La FDA estadounidense ha aprobado ya cientos de dispositivos médicos basados en IA, desde algoritmos para detectar retinopatía diabética hasta sistemas para analizar electrocardiogramas (Muehlematter et al., 2021). La Agencia Europea de Medicamentos y otras autoridades regulatorias de todo el mundo están siguiendo caminos similares, aunque con marcos normativos propios. El proceso de aprobación típicamente requiere estudios clínicos que demuestren que el algoritmo funciona de manera segura y efectiva en poblaciones diversas, que sus resultados sean reproducibles y que los beneficios superen los riesgos potenciales.

Pero la aprobación regulatoria es solo el primer paso. Para que los médicos adopten estos sistemas en su práctica diaria necesitan confiar en ellos. Y esa confianza se construye gradualmente, a través de la experiencia directa y la evidencia acumulada. Los hospitales que han implementado sistemas de IA diagnóstica de manera exitosa han seguido estrategias de despliegue cuidadosas: comenzando con proyectos piloto pequeños, involucrando a los clínicos desde el principio del proceso, proporcionando formación adecuada y recopilando datos sobre el rendimiento del sistema en el mundo real (Shaw et al., 2019).

La confianza del paciente es igualmente importante. Las encuestas muestran que las actitudes del público hacia la IA en medicina son ambivalentes: muchos pacientes están abiertos a la idea de que los algoritmos asistan en su diagnóstico, pero la mayoría quiere que un médico humano tenga la última palabra y que se les informe cuando se utiliza IA en su atención (Ongena et al., 2020). La transparencia es fundamental: los pacientes tienen derecho a saber cuándo y cómo se utilizan sistemas de IA en su cuidado, y a recibir explicaciones comprensibles sobre las recomendaciones que estos sistemas generan.

EL HORIZONTE DE LA CIENCIA 5.0 EN MEDICINA

La IA diagnóstica que hemos explorado en este capítulo es solo el comienzo de una transformación mucho más profunda de la medicina. En el horizonte se vislumbran desarrollos que parecen extraídos de la ciencia ficción, pero que están cada vez más cerca de hacerse realidad: los «gemelos digitales» del paciente, modelos computacionales que simulan su fisiología individual y permiten predecir cómo responderá a diferentes tratamientos; los sistemas de diagnóstico continuo, donde sensores portátiles monitorizan constantemente nuestra salud y alertan de problemas antes de que se manifiesten clínicamente; o los «médicos virtuales» que pueden proporcionar consejo médico básico a poblaciones remotas que carecen de acceso a profesionales de la salud.

Todo esto se enmarca de nuevo en lo que hemos llamado Ciencia 5.0: una era donde la IA no reemplaza a los profesionales humanos, sino que amplifica exponencialmente sus capacidades. En medicina, esto significa que cada médico podrá tener a su disposición un asistente incansable que ha «leído» toda la literatura médica, que ha «visto» millones de casos similares, que puede procesar en segundos cantidades de información que a un humano le llevarían horas. No se trata de deshumanizar la medicina, sino de todo lo contrario: al liberar a los médicos de las tareas más rutinarias y repetitivas, la IA les permite dedicar más tiempo a lo que realmente importa, la relación con el paciente.

Sin embargo, esta promesa viene acompañada de responsabilidades que no podemos ignorar. Debemos asegurarnos de que los beneficios de la IA médica se distribuyan equitativamente, sin agravar las desigualdades existentes en el acceso a la atención sanitaria. Debemos desarrollar sistemas que sean transparentes, explicables y dignos de confianza. Debemos proteger la privacidad de los datos médicos, que están entre los más sensibles que existen. Y debemos mantener al paciente en el centro de todo el proceso, respetando su autonomía y su derecho a tomar decisiones informadas sobre su propia salud.

En los próximos capítulos veremos cómo la IA está transformando otros territorios de la ciencia: desde la computación cuántica hasta la demostración de teoremas, pasando por el diseño de moléculas y la exploración del universo. En todos ellos reaparece la misma lección que ya hemos visto en medicina: la IA está alumbrando una inteligencia híbrida, una colaboración inédita entre la intuición humana y la potencia computacional. El médico que consulta con un algoritmo no abdica de su criterio: lo afila, lo contrasta, lo expande... Esa alianza entre lo humano y lo artificial —todavía imperfecta, todavía aprendiendo a coordinarse— es, quizá, la auténtica revolución de la Ciencia 5.0.

BIBLIOGRAFÍA

Adamson, A. S. y Smith, A. (2018). Machine learning and health care disparities in dermatology. *JAMA Dermatology*, 154(11), 1247-1248.

Ardila, D., Kiraly, A. P., Bharadwaj, S. et al. (2019). End-to-end lung cancer screening with three-dimensional deep learning on low-dose chest computed tomography. *Nature Medicine*, 25(6), 954-961.

Attia, Z. I., Kapa, S., Lopez-Jimenez, F. et al. (2019). Screening for cardiac contractile dysfunction using an artificial intelligence-enabled electrocardiogram. *Nature Medicine, 25*(1), 70-74.

Beede, E., Baylor, E., Hersch, F. et al. (2020). *A human-centered evaluation of a deep learning system deployed in clinics for the detection of diabetic retinopathy.* Proceedings of the 2020 CHI Conference on Human Factors in Computing Systems, 1-12.

Bulten, W., Pinckaers, H., van Boven, H. et al. (2020). Automated deep-learning system for Gleason grading of prostate cancer using biopsies: A diagnostic study. *The Lancet Oncology, 21*(2), 233-241.

Cohen, J. D., Li, L., Wang, Y. et al. (2018). Detection and localization of surgically resectable cancers with a multi-analyte blood test. *Science, 359*(6378), 926-930.

Coudray, N., Ocampo, P. S., Sakellaropoulos, T. et al. (2018). Classification and mutation prediction from non-small cell lung cancer histopathology images using deep learning. *Nature Medicine, 24*(10), 1559-1567.

Dias, R., Torkamani, A. y Ashley, E. A. (2019). Artificial intelligence in personalized medicine. En *Foundations of Biomedical Knowledge Representation* (pp. 225-252). Springer.

Esteva, A., Kuprel, B., Novoa, R. A. et al. (2017). Dermatologist-level classification of skin cancer with deep neural networks. *Nature, 542*(7639), 115-118.

FDA (2021). *Artificial Intelligence/Machine Learning (AI/ML)-Based Software as a Medical Device (SaMD) Action Plan.* U.S. Food and Drug Administration.

Gulshan, V., Peng, L., Coram, M. et al. (2016). Development and validation of a deep learning algorithm for detection of diabetic retinopathy in retinal fundus photographs. *JAMA, 316*(22), 2402-2410.

Gurovich, Y., Hanani, Y., Bar, O. et al. (2019). Identifying facial phenotypes of genetic disorders using deep learning. *Nature Medicine, 25*(1), 60-64.

Haenssle, H. A., Fink, C., Schneiderbauer, R. et al. (2018). Man against machine: Diagnostic performance of a deep learning convolutional neural network for dermoscopic melanoma recognition in comparison to 58 dermatologists. *Annals of Oncology, 29*(8), 1836-1842.

Jungmann, S. M., Klan, T., Kuhn, S. y Jungmann, F. (2020). Accuracy of a chatbot (Ada) in the diagnosis of mental disorders: Comparative case study with lay and expert users. *JMIR Formative Research, 4*(6), e17887.

Krizhevsky, A., Sutskever, I. y Hinton, G. E. (2012). ImageNet classification with deep convolutional neural networks. *Advances in Neural Information Processing Systems, 25*, 1097-1105.

Liu, Y., Gadepalli, K., Norouzi, M. et al. (2017). *Detecting cancer metastases on gigapixel pathology images.* arXiv:1703.02442.

McKinney, S. M., Sieniek, M., Godbole, V. et al. (2020). International evaluation of an AI system for breast cancer screening. *Nature, 577*(7788), 89-94.

Muehlematter, U. J., Daniore, P. y Vokinger, K. N. (2021). Approval of artificial intelligence and machine learning-based medical devices in the USA and Europe (2015-20): A comparative analysis. *The Lancet Digital Health, 3*(3), e195-e203.

Nguengang Wakap, S., Lambert, D. M., Olry, A. et al. (2020). Estimating cumulative point prevalence of rare diseases: Analysis of the Orphanet database. *European Journal of Human Genetics, 28*(2), 165-173.

Obermeyer, Z., Powers, B., Vogeli, C. y Mullainathan, S. (2019). Dissecting racial bias in an algorithm used to manage the health of populations. *Science, 366*(6464), 447-453.

OCDE (2023). *Health at a Glance 2023: OECD Indicators.* OECD Publishing.

OMS (2021). *Cardiovascular diseases (CVDs) Fact Sheet.* World Health Organization.

Ongena, Y. P., Haan, M., Yakar, D. y Kwee, T. C. (2020). Patients' views on the implementation of artificial intelligence in radiology: Development and validation of a standardized questionnaire. *European Radiology, 30*(2), 1033-1040.

Pérez, M. V., Mahaffey, K. W., Hedlin, H. et al. (2019). Large-scale assessment of a smartwatch to identify atrial fibrillation. *New England Journal of Medicine, 381*(20), 1909-1917.

Qin, Z. Z., Sander, M. S., Ber, B. et al. (2019). Using artificial intelligence to read chest radiographs for tuberculosis detection: A multi-site evaluation of the diagnostic accuracy of three deep learning systems. *Scientific Reports, 9*(1), 1-10.

Raghunath, S., Pfeifer, J. M., Ulloa-Cerna, A. E. et al. (2020). Prediction of mortality from 12-lead electrocardiogram voltage data using a deep neural network. *Nature Medicine, 26*(6), 886-891.

Rajpurkar, P., Irvin, J., Zhu, K. et al. (2017). *CheXNet: Radiologist-level pneumonia detection on chest X-rays with deep learning.* arXiv:1711.05225.

Shaw, J., Rudzicz, F., Jamieson, T. y Goldfarb, A. (2019). Artificial intelligence and the implementation challenge. *Journal of Medical Internet Research, 21*(7), e13659.

Singla, S., Pollack, B., Chen, J. y Batmanghelich, K. (2021). *Explanation by progressive exaggeration.* International Conference on Learning Representations.

Thapa, R., Kjaer, M. R., He, B., Covert, I., Moore IV, H., Hanif, U., Ganjoo, G., Westover, M. B., Jennum, P., Brink-Kjaer, A., Mignot, E. y Zou, J. (2026). A multimodal sleep foundation model for disease prediction. *Nature Medicine.* https://doi.org/10.1038/s41591-025-04133-4

Tomašev, N., Glorot, X., Rae et al. (2019). A clinically applicable approach to continuous prediction of future acute kidney injury. *Nature, 572*(7767), 116-119.

Tschandl, P., Rinner, C., Apalla, Z. et al. (2020). Human-computer collaboration for skin cancer recognition. *Nature Medicine, 26*(8), 1229-1234.

Zhou, B., Khosla, A., Lapedriza, A., Oliva, A. y Torralba, A. (2016). *Learning deep features for discriminative localization.* Proceedings of the IEEE Conference on Computer Vision and Pattern Recognition, 2921-2929.

6

EL PUENTE HACIA LO IMPOSIBLE: CONVERGENCIA DE LA IA Y LA COMPUTACIÓN CUÁNTICA

«La única manera de descubrir los límites de lo posible
es aventurarse un poco más allá, hacia lo imposible.»

ARTHUR C. CLARKE, escritor

DOS REVOLUCIONES QUE CONVERGEN

Existen momentos en la historia de la ciencia en los que dos corrientes de conocimiento aparentemente independientes comienzan a fluir hacia el mismo cauce, creando un torrente de posibilidades que ninguna de las dos habría podido generar por separado. Estamos viviendo uno de esos momentos. Por un lado, como hemos visto en los capítulos anteriores, la IA tiene la capacidad de transformar campos tan diversos como la biología molecular, la meteorología o el diagnóstico médico. Por otro lado, en los laboratorios de física más avanzados del mundo una tecnología radicalmente diferente está madurando: la computación cuántica. Y cuando estas dos revoluciones se encuentran, el resultado promete ser algo verdaderamente extraordinario.

Para entender por qué esta convergencia es tan significativa, conviene recordar primero los límites de la computación clásica. Los ordenadores que usamos cada día, desde el *smartphone* en nuestro bolsillo hasta los supercomputadores más potentes del planeta, funcionan todos según los mismos principios básicos establecidos hace décadas. Procesan información en forma de bits, pequeñas unidades que solo pueden estar en uno de dos estados: cero o uno, encendido o apagado, verdadero o falso. Todo lo que hacemos con un ordenador, desde enviar un mensaje de WhatsApp hasta entrenar una red neuronal con millones de parámetros, se reduce en última instancia a operaciones sobre estos bits binarios.

Este paradigma ha funcionado extraordinariamente bien durante más de medio siglo. La famosa ley de Moore, que predecía que el número de transistores en un chip se duplicaría aproximadamente cada dos años, se cumplió con notable precisión durante décadas (Moore, 1965). Pero hay problemas, muchos de ellos cruciales para la ciencia y la tecnología, que permanecen fuera del alcance incluso de los supercomputadores más potentes. Simular el comportamiento de una molécula compleja, optimizar una red de distribución global o descifrar ciertos códigos criptográficos son tareas que, con la computación clásica, requerirían tiempos de cálculo que en muchos casos pueden superar la edad del universo. No es una cuestión de construir ordenadores más rápidos, es una limitación fundamental del paradigma computacional.

La computación cuántica ofrece una salida a este callejón sin salida. En lugar de bits clásicos, utiliza bits cuánticos o qubits, que aprovechan las propiedades de la mecánica cuántica para procesar información de maneras que no tienen equivalente en el mundo clásico. Un qubit *(quantum bit)* puede estar simultáneamente en los estados cero y uno gracias a un fenómeno llamado superposición, y múltiples qubit pueden estar correlacionados de formas que desafían nuestra intuición cotidiana mediante lo que conocemos como entrelazamiento. Estas propiedades permiten que un ordenador cuántico explore un número exponencialmente grande de posibilidades en paralelo, ofreciendo ventajas abrumadoras para ciertos tipos de problemas.

Las preguntas que muchos investigadores se están haciendo ahora es: ¿qué ocurre cuando combinamos la potencia de la computación cuántica con las capacidades de la IA? ¿Pueden los ordenadores cuánticos acelerar el entrenamiento de redes neuronales? ¿Puede la IA ayudar a diseñar mejores algoritmos cuánticos o a corregir los errores que plagan los procesadores cuánticos? Estas cuestiones están en el corazón de un campo emergente que se ha bautizado como «aprendizaje automático cuántico» *(quantum machine learning)* (Biamonte et al., 2017), y que promete ser uno de los territorios más fértiles de la Ciencia 5.0.

Un mundo que desafía la intuición

Antes de adentrarnos en cómo la computación cuántica puede potenciar la IA, y viceversa, conviene hacer una pausa para entender qué tiene de especial el mundo cuántico. Porque la mecánica cuántica no es simplemente una versión más pequeña de la física que conocemos. Es un reino donde las reglas del juego son radicalmente diferentes, tan diferentes que incluso a los físicos más brillantes de la historia les costó décadas aceptarlas.

La historia comienza a principios del siglo XX, cuando diversos experimentos revelaron que la luz y la materia se comportan de maneras que la física clásica no podía explicar. Max Planck, Albert Einstein, Niels Bohr, Werner Heisenberg, Erwin Schrödinger y otros gigantes de la física construyeron, pieza a pieza, una nueva teoría que describía el comportamiento de las partículas a escalas atómicas y subatómicas. Lo que descubrieron desafiaba todo lo que creían saber sobre la realidad.

El primer concepto clave es la «superposición». En el mundo cotidiano, un objeto está en un lugar o en otro, una moneda muestra cara o cruz. Pero una partícula cuántica, como un electrón, puede estar en múltiples estados simultáneamente hasta que la observamos. El famoso gato de Schrödinger, esa criatura hipotética que está simultáneamente viva y muerta dentro de una caja cerrada, es una metáfora de esta extraña propiedad (Schrödinger, 1935). Un qubit aprovecha esta propiedad: mientras un bit clásico es definitivamente 0 o definitivamente 1, un qubit puede ser una combinación de ambos estados hasta que lo medimos. Esto tiene consecuencias extraordinarias: un sistema de 10 qubits puede representar 1.024 estados a la vez; con 50 qubits, más de un cuatrillón. La capacidad crece exponencialmente con cada qubit que añadimos.

El segundo concepto es el «entrelazamiento», que Einstein calificó, en su célebre expresión, como «acción fantasmal a distancia» porque le resultaba profundamente perturbador. Cuando dos partículas están entrelazadas, medir el estado de una afecta instantáneamente al estado de la otra, sin importar la distancia que las separe. No es que la información viaje entre ellas a velocidad infinita, es algo más sutil y extraño, una correlación que no tiene análogo en el mundo clásico. En computación cuántica, el entrelazamiento permite que los qubits trabajen conjuntamente de maneras que multiplican exponencialmente el poder de procesamiento.

El tercer concepto es la «interferencia cuántica». Las partículas cuánticas se comportan como ondas y, como todas las ondas, pueden interferir entre sí: sumarse cuando están en fase y cancelarse cuando están en contrafase. Los algoritmos cuánticos aprovechan esta propiedad para amplificar las respuestas correctas y cancelar las incorrectas, canalizando la exploración masiva de posibilidades hacia las soluciones deseadas.

Richard Feynman, uno de los físicos más creativos del siglo XX, fue el primero en darse cuenta de que estas propiedades podrían utilizarse para construir un tipo completamente nuevo de ordenador (Feynman, 1982). Su razonamiento era elegante: si queremos simular sistemas cuánticos, la herramienta más natural sería un ordenador que funcionara según las mismas reglas cuánticas. Un ordenador clásico que intentara simular un sistema de tan solo 50 partículas cuánticas necesitaría más memoria que la que existe en todos los ordenadores del mundo juntos. Un ordenador cuántico podría hacerlo de forma natural.

Fuente: https://commons.wikimedia.org

Figura 6.1.—Del nacimiento de la mecánica cuántica ondulatoria a los modernos ordenadores cuánticos: casi un siglo de evolución.

Izquierda: El físico austriaco Erwin Schrödinger en 1933, siete años después de formular su célebre ecuación. Centro: Página de una carta de Hendrik Antoon Lorentz a Schrödinger fechada el 19 de junio de 1926, discutiendo los fundamentos de la nueva mecánica cuántica ondulatoria. Derecha: IBM Quantum System One, uno de los primeros ordenadores cuánticos comerciales, fotografiado en el centro de investigación TJ Watson de IBM en Yorktown Heights, Nueva York.

La visión de Feynman tardó décadas en materializarse. Los qubits son extraordinariamente frágiles, de modo que cualquier interacción con el entorno destruye su delicada superposición en un proceso llamado decoherencia. Construir un ordenador cuántico útil requiere aislar los qubits del mundo exterior mientras se mantiene la capacidad de manipularlos y medir sus estados, un desafío de ingeniería formidable. Pero en los últimos años el progreso ha sido espectacular. Empresas como IBM, Google y *startups* como IonQ, Rigetti o la española Qilimanjaro están construyendo procesadores cuánticos cada vez más potentes, y los gobiernos de todo el mundo están apostando fuerte por esta tecnología (Arute et al., 2019).

LA SUPREMACÍA CUÁNTICA: UN HITO HISTÓRICO

En octubre de 2019, Google anunció que había alcanzado lo que llamó «supremacía cuántica»: su procesador cuántico «Sycamore», con 53 qubits, había realizado un cálculo específico en 200 segundos que, según sus estimaciones, habría requerido 10.000 años en el supercomputador más potente del mundo (Arute et al., 2019). Aunque IBM cuestionó algunos aspectos de esta afirmación, argumentando que sus propios sistemas clásicos podrían hacer el cálculo en días en lugar de milenios (Pednault et al., 2019), el hito fue ampliamente reconocido como un punto de inflexión en la historia de la computación.

Conviene ser precisos sobre lo que este logro significa y lo que no significa. El cálculo que realizó Sycamore era, deliberadamente, una tarea diseñada para ser fácil para un ordenador cuántico y difícil para uno clásico: generar muestras de una distribución de probabilidad particular. No tenía aplicación práctica directa; era, esencialmente, una demostración de capacidad, como correr los 100 metros lisos en un tiempo récord. No implica que puedas ganar un maratón, ni que seas útil para llevar mensajes de un lado a otro de la ciudad.

Pero el simbolismo del logro era innegable. Por primera vez en la historia, un dispositivo construido por humanos había intentado realizar un cálculo que ningún ordenador clásico podría completar en un tiempo razonable. La teoría se estaba convirtiendo en realidad. Desde entonces los avances se han sucedido a un ritmo vertiginoso. En 2020, el grupo chino de Jian-Wei Pan demostró supremacía cuántica utilizando un enfoque diferente basado en fotones (Zhong et al., 2020). En 2023, IBM presentó su procesador Condor con más de 1.000 qubits, aunque con niveles de error todavía significativos (Gambetta, 2023). Y múltiples equipos de investigación han demostrado ventajas cuánticas en problemas cada vez más cercanos a aplicaciones reales.

El camino hacia los ordenadores cuánticos verdaderamente útiles todavía es largo. Los qubits actuales son ruidosos y propensos a errores, lo que limita la complejidad de los cálculos que pueden realizar. La corrección de errores cuánticos es un campo de investigación intensamente activo que promete resolver este problema, pero requiere un número de qubits físicos mucho mayor que el disponible actualmente. Los expertos hablan de «era NISQ» *(Noisy Intermediate-Scale Quantum)*, refiriéndose a los dispositivos cuánticos actuales, que aunque son demasiado pequeños y ruidosos para implementar corrección de errores completa, ya demuestran ventajas computacionales en dos problemas específicos (Preskill, 2018).

Es precisamente en esta era NISQ donde la convergencia con la IA se vuelve especialmente relevante. Porque resulta que hay formas de combinar computación cuántica y aprendizaje automático que pueden ser útiles incluso con los dispositivos imperfectos de hoy, y que prometen volverse extraordinariamente poderosas cuando lleguen los ordenadores cuánticos tolerantes a fallos del futuro.

Cuando la IA encuentra al qubit

La intersección entre computación cuántica e IA no es una única idea, sino un conjunto de enfoques diversos que exploran diferentes formas de combinar estas dos tecnologías. Podemos organizar estos enfoques en tres grandes categorías, cada una con sus propias promesas y desafíos.

La primera categoría es usar ordenadores cuánticos para acelerar algoritmos de aprendizaje automático clásicos. La idea es tentadora: si los ordenadores cuánticos pueden resolver ciertos problemas exponencialmente más rápido que los clásicos, ¿podrían hacer lo mismo con el entrenamiento de redes neuronales? Desafortunadamente, la respuesta no es tan sencilla. El entrenamiento de redes neuronales implica operaciones que no encajan naturalmente con las ventajas de la computación cuántica. Los datos de entrada son clásicos (imágenes, textos, números), el proceso de aprendizaje es esencialmente iterativo y las operaciones involucradas (multiplicaciones de matrices, funciones de activación no lineales) no son las que los algoritmos cuánticos aceleran mejor.

Sin embargo, hay excepciones importantes. Ciertos subproblemas dentro del aprendizaje automático, como la optimización combinatoria, el muestreo de distribuciones complejas o la resolución de sistemas de ecuaciones lineales, sí pueden beneficiarse de aceleraciones cuánticas. El algoritmo HHL (Harrow-Hassidim-Lloyd), por ejemplo, puede resolver sistemas de ecuaciones lineales exponencialmente más rápido que los métodos clásicos bajo ciertas condiciones (Harrow et al., 2009). Dado que los sistemas lineales aparecen en muchos algoritmos de aprendizaje automático, esto podría traducirse en ventajas significativas para ciertos problemas específicos.

La segunda categoría es desarrollar algoritmos de aprendizaje automático genuinamente cuánticos, diseñados desde el principio para aprovechar las propiedades únicas de los ordenadores cuánticos. El enfoque más prometedor son los circuitos cuánticos variacionales, que veremos en detalle más adelante: combinan procesamiento cuántico con optimización clásica para resolver problemas que de otro modo serían intratables (Cerezo et al., 2021). También se están adaptando al mundo cuántico técnicas clásicas de reconocimiento de patrones y reducción de datos, con la esperanza de que la computación cuántica permita encontrar estructuras ocultas en conjuntos de datos demasiado complejos para los métodos tradicionales.

Un desarrollo particularmente interesante es el de los «núcleos cuánticos» *(quantum kernels)*. En aprendizaje automático, un kernel es una función que mide cuánto se parecen dos datos entre sí —como comparar dos fotografías para decidir si muestran el mismo objeto—. Los kernels cuánticos utilizan circuitos cuánticos para calcular estas similitudes de una forma que los ordenadores clásicos no pueden imitar eficientemente: transforman los datos en un espacio matemático mucho más rico, donde los patrones ocultos pueden volverse evidentes (Schuld y Killoran, 2019). Varios experimentos recientes han demostrado que los kernels cuánticos pueden superar a sus equivalentes clásicos en problemas específicamente diseñados, aunque todavía no está claro si esta ventaja se traducirá en aplicaciones prácticas.

La tercera categoría es usar la IA para mejorar la computación cuántica misma. Los ordenadores cuánticos actuales son dispositivos extremadamente complejos y difíciles de controlar. Los qubits deben mantenerse a temperaturas cercanas al cero absoluto, las operaciones deben calibrarse con precisión exquisita, y los errores deben detectarse y corregirse en tiempo real. La IA está demostrando ser una herramienta de gran valor para estas tareas. En este contexto, los algoritmos de aprendizaje automático se utilizan para afinar las señales electromagnéticas que manipulan los qubits, para predecir y mitigar errores, para diseñar circuitos cuánticos más eficientes, e incluso para descubrir nuevos algoritmos cuánticos (Krenn et al., 2023).

Esta última aplicación merece una mención especial por su carácter casi filosófico: estamos usando una forma de IA para ayudar a construir la tecnología que eventualmente podría hacer a la IA enormemente más poderosa. Es un ejemplo perfecto de cómo las tecnologías emergentes pueden potenciarse mutuamente, creando ciclos de retroalimentación positiva que aceleran el progreso en ambas direcciones.

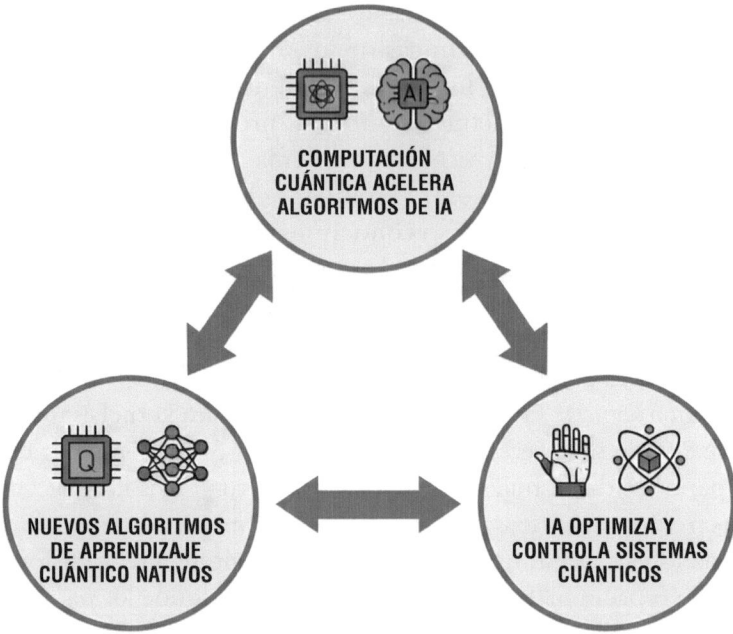

FUENTE: elaboración propia.

Figura 6.2.—Las tres vías de convergencia entre IA y computación cuántica.

El diagrama muestra cómo estas dos tecnologías se potencian mutuamente. Los ordenadores cuánticos pueden acelerar ciertos algoritmos de aprendizaje automático clásico (arriba). Simultáneamente se están desarrollando algoritmos de aprendizaje genuinamente cuánticos, diseñados desde cero para aprovechar las propiedades únicas de los qubits (izquierda). Finalmente, la IA ayuda a optimizar y controlar los propios sistemas cuánticos, desde la calibración de pulsos hasta el diseño de nuevos circuitos (derecha). Las flechas bidireccionales reflejan un ciclo de retroalimentación positiva: cada avance en un área impulsa el progreso en las demás.

Los circuitos variacionales: el híbrido que funciona hoy

Si hay un enfoque que ha capturado la imaginación de la comunidad de aprendizaje automático cuántico son los algoritmos cuánticos variacionales. Su atractivo radica en que pueden implementarse en los dispositivos cuánticos ruidosos de hoy, sin esperar a los ordenadores cuánticos tolerantes a fallos del futuro. La idea básica es dividir el trabajo entre un procesador cuántico y uno clásico, aprovechando las fortalezas de cada uno.

Un circuito cuántico variacional funciona de la siguiente manera. Primero, se diseña un circuito cuántico parametrizado: una secuencia de operaciones cuánticas cuyos parámetros pueden ajustarse. Estos parámetros son análogos a los pesos de una red neuronal clásica. Luego, el circuito se ejecuta en el procesador cuántico, produciendo un resultado que depende tanto de los datos de entrada como de los valores actuales de los parámetros. A continuación, un optimizador clásico evalúa qué tan bueno fue ese resultado según algún criterio (una función de coste) y sugiere nuevos valores para los parámetros. El proceso se repite hasta que el circuito aprende a producir los resultados deseados.

Esta arquitectura híbrida tiene varias ventajas prácticas. Los circuitos pueden ser relativamente pequeños, lo que minimiza el impacto del ruido y la pérdida de coherencia cuántica. La parte clásica se encarga de la búsqueda de los mejores parámetros, una tarea que los ordenadores convencionales hacen bien. Y el enfoque es lo suficientemente flexible como para adaptarse a una variedad de problemas, desde la clasificación de datos hasta la simulación de moléculas.

El algoritmo VQE *(Variational Quantum Eigensolver)* es quizá el ejemplo más estudiado (Peruzzo et al., 2014). Diseñado originalmente para calcular las energías de moléculas, VQE utiliza un circuito cuántico variacional para encontrar el estado de mínima energía de un sistema —algo así como encontrar el punto más bajo de un valle—. Cada iteración produce una estimación de la energía, y el optimizador clásico ajusta los parámetros para reducirla. El método ha sido demostrado experimentalmente en moléculas pequeñas como el hidrógeno y el hidruro de litio, y se está trabajando para escalarlo a sistemas más complejos relevantes para la química y la ciencia de materiales.

Otro algoritmo variacional importante es QAOA *(Quantum Approximate Optimization Algorithm),* diseñado para problemas de optimización combinatoria (Farhi et al., 2014). Estos son problemas donde hay que encontrar la mejor solución entre un número exponencialmente grande de posibilidades, como el famoso problema del viajante (encontrar la ruta más corta que pase por todas las ciudades seleccionadas exactamente una vez). QAOA codifica el problema en el lenguaje de la mecánica cuántica y utiliza circuitos variacionales para encontrar soluciones aproximadas. Aunque sus ventajas sobre los algoritmos clásicos todavía se están investigando, representa una de las aplicaciones más prometedoras de los ordenadores cuánticos actuales.

Las redes neuronales cuánticas *(quantum neural networks)* representan otra familia de algoritmos variacionales que ha generado enorme interés (Farhi y Neven, 2018). Estos circuitos están diseñados para imitar la estructura de las redes neuronales clásicas, con capas de operaciones cuánticas que transforman progresivamente los datos de entrada. La esperanza es que la capacidad de los sistemas cuánticos para explorar espacios de alta dimensionalidad les permita aprender patrones que serían difíciles o imposibles de capturar con métodos clásicos. Diferentes experimentos en problemas sintéticos han mostrado resultados prometedores, aunque la demostración de ventajas prácticas en problemas del mundo real sigue siendo un área activa de investigación.

LA IA COMO ARQUITECTA DE LO CUÁNTICO

Mientras los investigadores trabajan en desarrollar algoritmos de aprendizaje automático que se ejecuten en ordenadores cuánticos, otros están explorando la dirección opuesta: usar la IA clásica para mejorar la computación cuántica. Y los resultados están siendo notables.

Los ordenadores cuánticos son máquinas extraordinariamente delicadas. Los qubits superconductores de IBM o Google, por ejemplo, operan a temperaturas de apenas unas milésimas de grado por encima del cero absoluto, enfriados con sistemas de refrigeración que son maravillas de la ingeniería criogénica. Incluso en estas condiciones extremas, los qubits son sensibles a infinidad de perturbaciones: vibraciones mecánicas, campos electromagnéticos parásitos, fluctuaciones térmicas. Cada interacción con el entorno degrada la frágil superposición cuántica, introduciendo errores que se acumulan y eventualmente destruyen cualquier ventaja computacional.

Aquí es donde entra la IA. Los sistemas de aprendizaje automático se están utilizando para monitorizar continuamente el comportamiento de los qubits, detectar patrones de error y predecir cuándo un qubit está a punto de fallar. Esta información permite implementar estrategias de corrección de errores más eficientes, concentrando los recursos donde más se necesitan. En algunos casos, los modelos de IA pueden incluso compensar ciertos tipos de error en tiempo real, extendiendo significativamente el tiempo durante el cual los cálculos cuánticos permanecen coherentes.

El control de qubits es otra área donde la IA está marcando la diferencia. Para realizar una operación cuántica, como rotar el estado de un qubit o entrelazar dos qubits, hay que aplicar pulsos electromagnéticos muy precisos. La forma exacta de estos pulsos, su duración, amplitud y frecuencia, afecta directamente a la calidad de la operación. Tradicionalmente, optimizar estos pulsos ha sido un proceso laborioso de prueba y error. En este contexto, los algoritmos de aprendizaje por refuerzo están aprendiendo a diseñar pulsos óptimos automáticamente, logrando fidelidades (es decir, precisiones) que superan lo que los ingenieros humanos habían conseguido (Baum et al., 2021).

Quizá el uso más ambicioso de la IA en computación cuántica es el diseño automático de algoritmos cuánticos. Tradicionalmente, desarrollar un nuevo algoritmo cuántico requiere una intuición profunda sobre mecánica cuántica y teoría de la complejidad, una combinación de habilidades que poseen muy pocas personas en el mundo. Pero recientes investigaciones han demostrado que sistemas de IA pueden descubrir circuitos cuánticos útiles mediante exploración sistemática del espacio de posibilidades (Krenn et al., 2023). En algunos casos, estos circuitos descubiertos automáticamente son más eficientes que los diseñados por humanos, lo que sugiere que la IA podría acelerar dramáticamente el desarrollo de nuevos algoritmos cuánticos.

El equipo de Mario Krenn en el Instituto Max Planck es uno de los grupos pioneros en este enfoque. Su sistema, llamado Melvin, utiliza algoritmos evolutivos y aprendizaje por refuerzo para explorar configuraciones de experimentos ópticos cuánticos (Krenn et al., 2016). El sistema ha descubierto configuraciones que producen estados cuánticos previamente desconocidos, algunos de los cuales han sido posteriormente verificados experimentalmente. Es un ejemplo fascinante de cómo la IA puede no solo acelerar la ciencia, sino genuinamente contribuir a ella de formas que los humanos no habían anticipado.

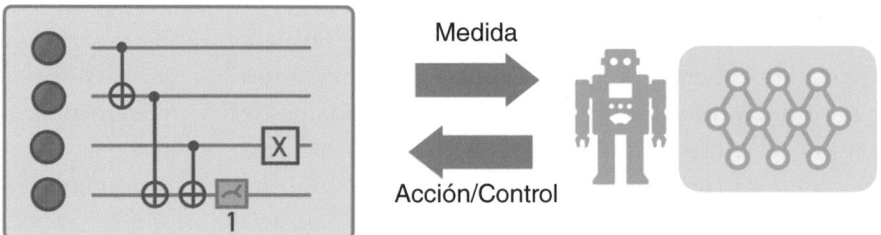

Fuente: figura adaptada de Krenn, M., Landgraf, J., Foesel, T. y Marquardt, F. (2022). *Artificial Intelligence and Machine Learning for Quantum Technologies*. arXiv:2208.03836. Licencia CC BY 4.0.

Figura 6.3.— Aprendizaje por refuerzo aplicado al control de circuitos cuánticos.

Un agente de IA (representado por el robot y la red neuronal) interactúa con un circuito cuántico en un bucle cerrado: recibe los resultados de las mediciones y decide qué operaciones aplicar a continuación. Este enfoque permite descubrir automáticamente estrategias de control y corrección de errores cuánticos que superan las diseñadas por humanos.

Simulación cuántica: donde la ventaja es real

Si hay un área donde la computación cuántica está destinada a tener un impacto transformador es la simulación de sistemas cuánticos. La intuición pionera de Feynman que comentamos anteriormente sigue siendo válida: para simular sistemas donde la mecánica cuántica es esencial, la herramienta más natural es un ordenador que opere según las mismas reglas cuánticas.

Consideremos el problema de simular una molécula para predecir sus propiedades químicas. Los electrones en una molécula están en estados cuánticos que dependen de los estados de todos los demás electrones, es un sistema de muchos cuerpos intrínsecamente cuántico. Con un ordenador clásico, el número de variables necesarias para describir el estado de la molécula crece exponencialmente con el número de electrones. Una molécula de cafeína, por ejemplo, tiene 24 átomos y casi 100 electrones. Simularla con precisión química superaría la capacidad de todos los ordenadores del mundo combinados. En contraste, un ordenador cuántico con suficientes qubits podría representar el estado molecular de forma natural, con un número de qubits que crecería solo linealmente con el tamaño de la molécula.

Las implicaciones para la química y la ciencia de materiales son enormes: simular cómo una enzima cataliza una reacción podría revelar mecanismos que permitirían diseñar fármacos más efectivos; modelar la estructura electrónica de nuevos materiales podría acelerar el descubrimiento de superconductores de alta temperatura o catalizadores más eficientes para la captura de carbono; predecir las propiedades de baterías antes de construirlas podría revolucionar el almacenamiento de energía... Estos son problemas donde la computación clásica ha llegado a sus límites, y donde la computación cuántica promete abrir territorios completamente nuevos.

Ya estamos viendo los primeros pasos en esta dirección. Investigadores de Google, en colaboración con químicos de diversas universidades, han utilizado su procesador cuántico para simular con precisión reacciones químicas simples (Arute et al., 2020). IBM ha demostrado simulaciones de moléculas en sus sistemas cuánticos accesibles a través de la nube, permitiendo que investigadores de todo el mundo experimenten con la química cuántica computacional (Kandala et al., 2017). Y múltiples *startups*, como Zapata Computing, QC Ware y Rahko, están desarrollando *software* para facilitar estas simulaciones.

¿Cómo entra la IA en todo esto? Veámoslo con un caso concreto: el diseño de catalizadores para capturar dióxido de carbono. Los catalizadores son sustancias que aceleran reacciones químicas sin consumirse en el proceso, y encontrar catalizadores eficientes para convertir el CO_2 atmosférico en productos útiles es uno de los grandes desafíos de la química verde. El espacio de posibles catalizadores es astronómico —demasiado grande para explorarlo experimentalmente—. Aquí es donde la combinación de IA y computación cuántica resulta poderosa: redes neuronales convencionales proponen candidatos basándose en patrones aprendidos de catalizadores conocidos; un ordenador cuántico simula directamente el comportamiento electrónico de cada candidato, algo para lo que está naturalmente dotado al operar según las mismas leyes cuánticas; y los resultados alimentan de vuelta a las redes, que refinan sus predicciones. Cada tecnología hace lo que mejor sabe hacer: la IA explora y propone, la computación cuántica simula lo que antes era imposible de calcular.

Criptografía y seguridad: la espada de doble filo

Ninguna discusión sobre computación cuántica estaría completa sin abordar su impacto en la criptografía, un tema que tiene implicaciones profundas para la seguridad de todas las comunicaciones digitales. Aquí la computación cuántica presenta tanto una amenaza como una oportunidad, y la IA está involucrada en ambos lados de la ecuación.

La amenaza proviene del algoritmo de Shor, publicado en 1994 por el matemático Peter Shor (Shor, 1994). Este algoritmo demuestra que un ordenador cuántico suficientemente grande podría factorizar números enormes en sus factores primos de manera eficiente. ¿Por qué importa esto? Porque la seguridad de la mayoría de las comunicaciones digitales actuales, desde las transacciones bancarias hasta los mensajes de WhatsApp, dependen de que factorizar números grandes sea computacionalmente inviable. El algoritmo RSA, ampliamente utilizado para cifrar datos, se basa en que multiplicar dos números primos grandes es fácil, pero encontrar esos factores a partir del producto es extraordinariamente difícil para un ordenador clásico. El algoritmo de Shor haría este problema trivial para un ordenador cuántico.

Los ordenadores cuánticos actuales no son ni remotamente capaces de ejecutar el algoritmo de Shor a la escala necesaria para romper la criptografía moderna. Se estima que se necesitarían millones de qubits con corrección de errores, cuando los dispositivos actuales tienen miles de qubits ruidosos. Pero los expertos en seguridad están preocupados por lo que llaman «cosechar ahora, descifrar después»: diferentes tipos de «adversarios» podrían estar almacenando comunicaciones cifradas hoy, esperando a que los ordenadores cuánticos maduren para descifrarlas en el futuro. En el caso de información que debe permanecer secreta durante décadas, como ciertos secretos de Estado o datos médicos sensibles, esta es una amenaza real.

La respuesta a esta amenaza es la criptografía post-cuántica: nuevos sistemas de cifrado que serían seguros incluso contra ordenadores cuánticos. El Instituto Nacional de Estándares y Tecnología de Estados Unidos (NIST) completó en 2024 un proceso de varios años para estandarizar nuevos algoritmos criptográficos resistentes a ataques cuánticos (NIST, 2024). Estos algoritmos se basan en problemas matemáticos diferentes de la factorización, problemas que se cree que seguirán resultando difíciles incluso para ordenadores cuánticos. La transición a estos nuevos estándares será un proceso largo y complejo, pero ya está en marcha.

En este ámbito, la IA está jugando en los dos bandos. Por un lado, se están usando técnicas de aprendizaje automático para buscar vulnerabilidades en los nuevos algoritmos post-cuánticos antes de que se desplieguen ampliamente. Por otro lado, la IA está ayudando a automatizar la migración de sistemas heredados a los nuevos estándares, identificando dónde se utiliza criptografía vulnerable y sugiriendo estrategias de actualización. Es una carrera contra el tiempo donde la IA está jugando un papel crucial.

VISIONES DEL FUTURO: ESPECULACIÓN INFORMADA

Mirando hacia el futuro, ¿qué podríamos esperar de la convergencia entre computación cuántica e IA? Obviamente, toda predicción a largo plazo en tecnología es especulativa, pero podemos identificar algunas direcciones que parecen plausibles basándonos en las tendencias actuales.

A corto plazo, con los dispositivos cuánticos ruidosos que ya existen y sus sucesores inmediatos, es probable que veamos las primeras demostraciones convincentes de ventaja cuántica en problemas con relevancia práctica. La simulación de moléculas y materiales es el candidato más probable: ya estamos viendo resultados prometedores, y la escalabilidad natural de estos problemas con recursos cuánticos sugiere que las ventajas se harán más pronunciadas a medida que los dispositivos mejoren. En aprendizaje automático, los kernels cuánticos y los algoritmos variacionales podrían encontrar nichos donde superen a los métodos clásicos, probablemente en problemas donde los datos tengan una complejidad que los métodos tradicionales no pueden manejar.

Cuando lleguen los primeros ordenadores cuánticos tolerantes a fallos —algo que muchos expertos sitúan a una o dos décadas vista— se abrirá la puerta a algoritmos mucho más sofisticados, incluyendo versiones a gran escala del algoritmo de Shor (con las implicaciones para la criptografía que hemos discutido) y simulaciones cuánticas de sistemas complejos con precisión química. En este escenario, la combinación de IA y computación cuántica podría revolucionar el descubrimiento de fármacos, permitiendo simular con precisión las interacciones entre moléculas candidatas y sus objetivos biológicos, y usar aprendizaje automático para explorar eficientemente el inmenso espacio de compuestos posibles.

A largo plazo, las posibilidades son más especulativas, pero también más fascinantes. Algunos investigadores imaginan formas de IA genuinamente cuánticas, sistemas de aprendizaje que aprovechen la mecánica cuántica no solo para acelerar cálculos, sino para procesar información de maneras fundamentalmente diferentes. ¿Podrían estos sistemas resolver problemas que son intratables incluso para las IAs clásicas más avanzadas? ¿Podrían exhibir capacidades emergentes que no anticipamos? Son preguntas abiertas que solo el tiempo y la investigación podrán responder.

Lo que parece claro es que estamos en las etapas iniciales de una revolución tecnológica de largo alcance. La computación cuántica y la IA, cada una transformadora por derecho propio, están convergiendo de maneras que amplificarán el impacto de ambas. Para la ciencia, esto significa nuevas herramientas para explorar problemas que antes eran inabordables. Para la sociedad, significa tanto oportunidades como riesgos que debemos navegar con cuidado. Y para todos nosotros, significa vivir en una época donde los límites de lo computacionalmente posible se están redefiniendo de maneras que habrían parecido mágicas hace apenas una generación.

El puente hacia lo imposible

Llegamos al final de este capítulo con una reflexión sobre el título que elegimos: «El puente hacia lo imposible». La expresión no es meramente retórica. Hay problemas, tanto en ciencia como en ingeniería, que durante décadas fueron considerados imposibles de resolver computacionalmente. No imposibles en el sentido de que no tuviéramos las ecuaciones o la teoría para abordarlos, sino imposibles en el sentido práctico de que requerirían recursos computacionales que exceden lo disponible, lo concebible e incluso lo físicamente permitido por el universo.

La computación cuántica ofrece un camino para rodear algunos de estos obstáculos. Los ordenadores cuánticos no son una varita mágica que resuelvan todos los problemas más rápido, sino un tipo importante de ellos. Y la IA, con su capacidad para encontrar patrones, optimizar estrategias y aprender de la experiencia, está demostrando ser la compañera ideal en este viaje hacia lo antes imposible.

Pensemos por un momento en lo que esto podría significar para la ciencia: un químico que puede simular con precisión cómo una enzima cataliza una reacción podría diseñar inhibidores más efectivos, potencialmente acelerando la cura de enfermedades; un científico de materiales que puede predecir las propiedades de compuestos antes de sintetizarlos podría descubrir el próximo superconductor de alta temperatura, revolucionando la transmisión de energía; o un climatólogo con modelos más precisos podría hacer predicciones más fiables sobre el cambio climático, contribuyendo a mejores políticas públicas. En cada caso, la combinación de computación cuántica e IA actúa como un puente: conecta lo que sabemos con lo que antes no podíamos calcular.

Más allá de las aplicaciones específicas, hay algo profundamente significativo en esta convergencia tecnológica. Estamos presenciando cómo dos de las ideas más revolucionarias de la física del siglo XX, la mecánica cuántica y la teoría de la información, se funden con una de las ideas más transformadoras de la informática, el aprendizaje automático. El resultado es algo genuinamente nuevo, no simplemente una suma de partes, sino una síntesis que abre posibilidades que ninguna de las tecnologías constituyentes podría ofrecer por sí sola.

En el próximo capítulo veremos cómo la IA está transformando otro campo de la ciencia: la química y el diseño de moléculas. Descubriremos laboratorios donde robots guiados por algoritmos sintetizan compuestos de manera autónoma, y sistemas que predicen las propiedades de moléculas que nunca han sido creadas. Es otro ejemplo de cómo la Ciencia 5.0 está derribando barreras que antes parecían infranqueables, acelerando el ritmo del descubrimiento hacia horizontes que apenas comenzamos a vislumbrar.

Bibliografía

Arute, F., Arya, K., Babbush, R. et al. (2019). Quantum supremacy using a programmable superconducting processor. *Nature, 574*(7779), 505-510.

Arute, F., Arya, K., Babbush, R. et al. (2020). Hartree-Fock on a superconducting qubit quantum computer. *Science, 369*(6507), 1084-1089.

Baum, Y., Amico, M., Howell, S. et al. (2021). Experimental deep reinforcement learning for error-robust gate-set design on a superconducting quantum computer. *PRX Quantum, 2*(4), 040324.

Biamonte, J., Wittek, P., Pancotti, N. et al. (2017). Quantum machine learning. *Nature, 549*(7671), 195-202.

Cerezo, M., Arrasmith, A., Babbush, R. et al. (2021). Variational quantum algorithms. *Nature Reviews Physics, 3*(9), 625-644.

Farhi, E. y Neven, H. (2018). *Classification with quantum neural networks on near term processors.* arXiv:1802.06002.

Farhi, E., Goldstone, J. y Gutmann, S. (2014). *A quantum approximate optimization algorithm.* arXiv:1411.4028.

Feynman, R. P. (1982). Simulating physics with computers. *International Journal of Theoretical Physics, 21*(6), 467-488.

Gambetta, J. (2023). *IBM Quantum roadmap to useful quantum computing.* IBM Research Blog.

Gidney, C. y Ekerå, M. (2021). How to factor 2048 bit RSA integers in 8 hours using 20 million noisy qubits. *Quantum, 5,* 433.

Harrow, A. W., Hassidim, A. y Lloyd, S. (2009). Quantum algorithm for linear systems of equations. *Physical Review Letters, 103*(15), 150502.

Kandala, A., Mezzacapo, A., Temme, K. et al. (2017). Hardware-efficient variational quantum eigensolver for small molecules and quantum magnets. *Nature, 549*(7671), 242-246.

Krenn, M., Malik, M., Fickler, R. et al. (2016). Automated search for new quantum experiments. *Physical Review Letters, 116*(9), 090405.

Krenn, M., Pollice, R., Guo, S. Y. et al. (2022). On scientific understanding with artificial intelligence. *Nature Reviews Physics, 4*(12), 761-769.

Liao, S. K., Cai, W. Q., Handsteiner, J. et al. (2018). Satellite-relayed intercontinental quantum network. *Physical Review Letters, 120*(3), 030501.

Moore, G. E. (1965). Cramming more components onto integrated circuits. *Electronics, 38*(8), 114-117.

NIST (2024). *Post-Quantum Cryptography Standardization.* National Institute of Standards and Technology.

Pednault, E., Gunnels, J. A., Nannicini, G. et al. (2019). *Leveraging secondary storage to simulate deep 54-qubit Sycamore circuits.* arXiv:1910.09534.

Peruzzo, A., McClean, J., Shadbolt, P. et al. (2014). A variational eigenvalue solver on a photonic quantum processor. *Nature Communications, 5*(1), 4213.

Preskill, J. (2018). Quantum computing in the NISQ era and beyond. *Quantum, 2,* 79.

Schrödinger, E. (1935). Die gegenwärtige Situation in der Quantenmechanik. *Naturwissenschaften, 23*(48), 807-812.

Schuld, M. y Killoran, N. (2019). Quantum machine learning in feature Hilbert spaces. *Physical Review Letters, 122*(4), 040504.

Shor, P. W. (1994). *Algorithms for quantum computation: discrete logarithms and factoring.* Proceedings 35th Annual Symposium on Foundations of Computer Science, 124-134.

Tang, E. (2019). *A quantum-inspired classical algorithm for recommendation systems.* Proceedings of the 51st Annual ACM SIGACT Symposium on Theory of Computing, 217-228.

Zhong, H. S., Wang, H., Deng, Y. H. et al. (2020). Quantum computational advantage using photons. *Science, 370*(6523), 1460-1463.

7

QUÍMICA INTELIGENTE: ALGORITMOS Y LABORATORIOS AUTÓNOMOS QUE DISEÑAN MOLÉCULAS

«Damos forma a nuestras herramientas y luego nuestras
herramientas nos dan forma a nosotros.»

JOHN M. CULKIN, educador y experto en comunicación

EL LABORATORIO QUE NUNCA DUERME

Imaginemos un laboratorio de química a las tres de la madrugada. En un centro de investigación convencional, las luces estarían apagadas, los instrumentos en reposo y los experimentos pausados hasta que los investigadores volvieran por la mañana. Pero en un número creciente de instalaciones alrededor del mundo las cosas son cada vez más diferentes. Brazos robóticos articulados se mueven con precisión milimétrica, pipeteando líquidos de colores en pequeños viales. Espectrómetros analizan muestras sin descanso. Y, en el corazón de todo, un sistema de IA evalúa los resultados en tiempo real, decide qué experimento realizar a continuación y envía instrucciones a las máquinas. Sin pausas para café, sin vacaciones, sin errores por fatiga. Es la nueva forma de hacer química, la cual está transformando radicalmente la forma en que descubrimos nuevos materiales, fármacos y compuestos químicos.

Esta revolución no surge de la nada. Durante décadas, los químicos han soñado con automatizar el tedioso proceso de síntesis y caracterización que consume la mayor parte de su tiempo. Un químico tradicional puede pasar semanas optimizando las condiciones de una sola reacción: ajustando temperaturas, tiempos, concentraciones, catalizadores..., y después de todo ese esfuerzo el compuesto sintetizado puede resultar no tener las propiedades deseadas, obligando a empezar de nuevo con una molécula diferente. Es un proceso inherentemente lento, limitado por la velocidad a la que un ser humano puede trabajar y por la cantidad de ideas que una mente individual puede concebir.

La convergencia de tres tecnologías está cambiando este panorama. Primero, la robótica de precisión ha alcanzado niveles de fiabilidad y costes que permiten automatizar operaciones químicas complejas. Segundo, los avances en IA han creado algoritmos capaces de predecir propiedades moleculares, sugerir nuevos compuestos y optimizar condiciones de reacción. Tercero, la infraestructura de datos y computación en la nube permite integrar todos estos elementos en sistemas coherentes que aprenden y mejoran con cada experimento. El resultado es lo que algunos llaman «laboratorios autónomos» o «científicos robóticos»: sistemas que pueden formular hipótesis, diseñar experimentos, ejecutarlos físicamente y analizar los resultados, todo con una mínima intervención humana (Abolhasani y Kumacheva, 2023).

El impacto potencial de esta transformación es difícil de exagerar. Consideremos el descubrimiento de fármacos, un proceso que típicamente requiere entre diez y quince años y cuesta más de dos mil millones de dólares por cada medicamento que llega al mercado (DiMasi et al., 2016). La inmensa mayoría de ese tiempo y dinero se gasta explorando callejones sin salida: moléculas que parecían prometedoras en el papel pero que resultaron ser tóxicas, inestables o simplemente ineficaces. Un laboratorio autónomo, capaz de sintetizar y evaluar miles de compuestos por semana en lugar de docenas, podría reducir significativamente estos plazos. O pensemos en la ciencia de materiales, donde encontrar un nuevo superconductor, un mejor catalizador o una batería más eficiente depende de explorar grandes espacios de composiciones químicas posibles. La búsqueda tradicional, guiada por la intuición y la experiencia, solo puede arañar la superficie de ese espacio. La búsqueda algorítmica, guiada por modelos predictivos y ejecutada por robots incansables, puede ir mucho más allá.

En este capítulo exploraremos cómo la IA está transformando la química, desde la predicción de propiedades moleculares hasta el diseño de laboratorios completamente autónomos. Veremos cómo los algoritmos aprenden a «hablar» el lenguaje de las moléculas, cómo predicen reacciones químicas antes de que ocurran, y cómo robots guiados por IA están descubriendo nuevos compuestos a un ritmo sin precedentes. Es una historia que ilustra perfectamente el espíritu de la Ciencia 5.0: la colaboración entre inteligencia humana y artificial para acelerar el descubrimiento científico hacia horizontes antes inalcanzables.

FUENTE: adaptado de MacLeod et al. (2022). *Nature Communications.*

Figura 7.1.—Ada: un laboratorio que trabaja solo.

Este sistema robótico, desarrollado en Canadá, es capaz de realizar experimentos científicos de forma completamente autónoma, las 24 horas del día y sin supervisión humana. Ada mezcla ingredientes químicos, fabrica recubrimientos metálicos ultrafinos y analiza sus propiedades eléctricas, todo ello guiado por IA. En lugar de que un científico decida qué experimento hacer a continuación, un algoritmo analiza los resultados obtenidos y determina automáticamente cuál es el siguiente paso más prometedor. Trabajando de esta manera, Ada realizó más de 250 experimentos y descubrió nuevos métodos para fabricar películas conductoras de paladio a temperaturas más bajas de lo que se creía posible, lo que abre la puerta a depositar estos recubrimientos sobre plásticos que no soportan altas temperaturas.

EL LENGUAJE DE LAS MOLÉCULAS: CÓMO LAS MÁQUINAS APRENDEN QUÍMICA

Antes de que una máquina pueda diseñar una molécula, necesita entender qué es una molécula. Esto puede parecer trivial, pues los científicos llevamos siglos dibujando estructuras químicas, pero traducir ese conocimiento a un formato que los algoritmos puedan procesar es un desafío fundamental. Las moléculas no son simplemente listas de átomos, son estructuras tridimensionales complejas donde la disposición espacial importa tanto como la composición elemental. Dos moléculas con exactamente los mismos átomos pueden tener propiedades radicalmente diferentes dependiendo de cómo estos estén conectados y orientados.

La representación más básica que se ha usado durante décadas en química computacional es la notación SMILES *(Simplified Molecular Input Line Entry System),* desarrollada en los años 80 por David Weininger (Weininger, 1988). SMILES convierte una estructura molecular en una cadena de texto: el benceno se escribe como «c1ccccc1», el etanol como «CCO» o la aspirina como «CC(=O)OC1=CC=CC=C1C(=O)O».

Para los algoritmos de aprendizaje automático, estas representaciones textuales han resultado sorprendentemente útiles. Los mismos modelos de lenguaje que han revolucionado el procesamiento del lenguaje pueden entrenarse para «leer» y «escribir» química en formato SMILES. Un modelo entrenado con millones de moléculas aprende patrones que van mucho más allá de la sintaxis: aprende que ciertos grupos funcionales tienden a aparecer juntos, que ciertas estructuras son químicamente estables mientras que otras son imposibles, o que determinados patrones se asocian con propiedades específicas como la solubilidad o la toxicidad.

El desarrollo del modelo *Molecular Transformer* por Philippe Schwaller y sus colaboradores en IBM Research demostró el poder de este enfoque (Schwaller et al., 2019). Entrenaron un modelo de transformador con millones de reacciones químicas del registro de patentes estadounidense, representadas como pares de cadenas SMILES: reactivos de entrada y productos de salida. El modelo resultante podía predecir los productos de reacciones químicas que nunca había visto con una precisión superior al 90%, rivalizando con químicos expertos. Pero más impresionante aún era su capacidad para realizar «retrosíntesis»: dado un producto deseado, sugerir qué reactivos y condiciones podrían producirlo. Esta es exactamente la pregunta que un químico se hace cuando quiere sintetizar una nueva molécula, y el modelo la respondía con una creatividad que sorprendió a los propios investigadores.

Representaciones más sofisticadas van más allá del texto. Los grafos moleculares representan cada átomo como un nodo y cada enlace como una arista, capturando la estructura de conexiones de la molécula de forma natural. Las redes neuronales de grafos *(Graph Neural Networks,* GNN) procesan estas estructuras directamente, aprendiendo a propagar información a través de los enlaces químicos de formas que respetan la química subyacente (Gilmer et al., 2017). Cuando una GNN predice la energía de una molécula, aprende, por ejemplo, que los átomos cercanos influyen más que los lejanos, que ciertos patrones de conectividad son más estables que otros o que la geometría local determina propiedades globales.

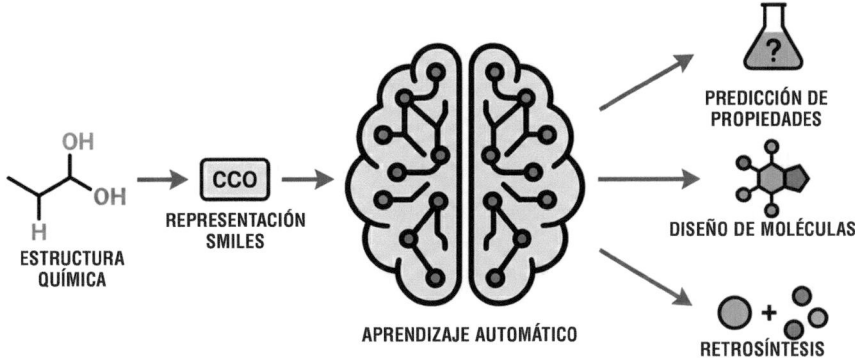

FUENTE: elaboración propia.

Figura 7.2.—De la molécula al algoritmo: cómo las máquinas aprenden química.

Para que un sistema de IA pueda trabajar con moléculas, primero necesita «leerlas» en un formato que entienda. La notación SMILES convierte estructuras químicas en cadenas de texto, permitiendo que los algoritmos de aprendizaje automático procesen la información molecular como si fuese un idioma. Una vez entrenados con millones de moléculas, estos sistemas pueden realizar tareas que tradicionalmente requerían años de experiencia química: predecir propiedades como la solubilidad o toxicidad de un compuesto, o resolver el problema inverso de la síntesis química (retrosíntesis), es decir, determinar qué ingredientes y pasos se necesitan para fabricar una molécula con las propiedades buscadas.

Las representaciones tridimensionales añaden otra capa de complejidad y realismo. Una molécula no es solo una red de conexiones; es un objeto en el espacio, con distancias, ángulos y orientaciones específicas. Los modelos que incorporan coordenadas atómicas, como SchNet (Schütt et al., 2018) o DimeNet (Gasteiger et al., 2020), pueden aprender relaciones que dependen de la geometría tridimensional: fuerzas entre átomos, conformaciones estables, interacciones entre moléculas... Estos modelos son especialmente importantes para la química de proteínas y fármacos, donde la forma tridimensional determina si una molécula encaja en el sitio activo de una enzima o un receptor.

Un avance conceptual importante ha sido el desarrollo de representaciones aprendidas, donde el propio algoritmo descubre cómo codificar las moléculas de la manera más útil para la tarea en cuestión. En lugar de imponer una representación fija diseñada por humanos, se entrena una red neuronal para generar una especie de «huella digital» matemática de cada molécula: una lista de números que captura sus características relevantes. Moléculas similares en propiedades terminan con huellas parecidas, incluso si sus estructuras superficiales parecen muy diferentes. Esto permite descubrir similitudes funcionales que no son obvias a partir de la estructura química.

....

Predicción de propiedades: el oráculo molecular

Una vez que las máquinas pueden «ver» moléculas, el siguiente paso es predecir sus propiedades. Esta capacidad predictiva es el motor que impulsa toda la química asistida por IA: si puedes predecir rápidamente cómo se comportará una molécula hipotética, puedes explorar millones de candidatos computacionalmente antes de sintetizar los más prometedores en el laboratorio.

Las propiedades que interesan a los químicos son extraordinariamente diversas: un desarrollador de fármacos quiere saber si una molécula será soluble en agua, si atravesará las membranas celulares, si será metabolizada por el hígado, si causará efectos secundarios tóxicos o si se unirá fuertemente al receptor objetivo; un ingeniero de materiales quiere conocer la conductividad eléctrica, la dureza, el punto de fusión o la estabilidad térmica; o un químico ambiental se pregunta por la biodegradabilidad, la bioacumulación o la toxicidad para organismos acuáticos. Cada una de estas propiedades depende de la estructura molecular de formas complejas y a menudo no lineales.

Los métodos tradicionales para predecir propiedades moleculares se basan en simulaciones de primeros principios: resolver las ecuaciones de la mecánica cuántica para calcular las características físico-químicas de la molécula y, a partir de ella, derivar las propiedades de interés. La teoría del funcional de la densidad (DFT), introducida por Walter Kohn y Pierre Hohenberg en los años sesenta y desarrollada operativamente por Kohn y Lu Jeu Sham (Kohn y Sham, 1965), ha sido la herramienta de referencia durante décadas. Pero estas simulaciones son computacionalmente costosas: calcular las propiedades de una sola molécula mediana puede llevar horas o días en un supercomputador.

El aprendizaje automático ofrece un atajo. En lugar de simular desde primeros principios, entrenamos un modelo con ejemplos, es decir, con moléculas cuyas propiedades conocemos, ya sea por experimentos previos o por simulaciones DFT. El modelo aprende a interpolar y extrapolar, prediciendo propiedades de moléculas nuevas en milisegundos en lugar de horas. La pérdida de precisión comparada con DFT es típicamente pequeña, mientras que la ganancia en velocidad es de varios órdenes de magnitud.

Un hito en este campo fue el desarrollo de ANI (*Accurate neural network engine*) por Justin Smith, Olexandr Isayev y Adrian Roitberg en 2017 (Smith et al., 2017). Entrenaron una red neuronal con millones de cálculos DFT de moléculas orgánicas pequeñas, creando un nuevo método que podía predecir estructuras y propiedades con precisión cercana a DFT, pero varios millones de veces más rápido. Esto permitió por primera vez realizar simulaciones moleculares a escalas de tiempo y tamaño que antes eran completamente inaccesibles.

Más recientemente, el modelo GemNet de Johannes Gasteiger y sus colegas (Gasteiger et al., 2021) ha llevado la precisión de estas predicciones a niveles impresionantes, al capturar detalles de la geometría molecular que los modelos anteriores ignoraban. Y los modelos preentrenados a gran escala, como Uni-Mol (Zhou et al., 2023), aplican la filosofía de los grandes modelos de lenguaje a la química: entrenar con ingentes cantidades de datos sin etiquetar para aprender representaciones generales, que luego pueden afinarse para tareas específicas con relativamente pocos ejemplos.

La predicción de propiedades farmacológicas presenta desafíos particulares. Un fármaco exitoso debe satisfacer múltiples criterios simultáneamente: ser potente contra su objetivo biológico, tener buena biodisponibilidad oral, no ser tóxico, tener una vida media adecuada en el cuerpo, no interactuar con otros medicamentos... Este conjunto de criterios, conocido informalmente como «las reglas de Lipinski» y sus extensiones posteriores, define un espacio de propiedades que muy pocas moléculas cumplen completamente (Lipinski et al., 2001). Los modelos multiobjetivo intentan predecir y optimizar simultáneamente todas estas propiedades, una tarea de optimización enormemente compleja que la IA está empezando a abordar con éxito.

Un ejemplo ilustrativo es el trabajo de Insilico Medicine, una empresa que utiliza IA para acelerar el descubrimiento de fármacos. En 2019 utilizaron modelos generativos para diseñar desde cero moléculas contra una proteína implicada en fibrosis y cáncer (Zhavoronkov et al., 2019). El sistema generó miles de candidatos potenciales, predijo sus propiedades, seleccionó los más prometedores y, lo más importante, estos fueron sintetizados y probados en el laboratorio. El compuesto más activo mostró potencia nanomolar contra el objetivo, validando que las predicciones computacionales se traducían en realidad química. Todo el proceso, desde la idea inicial hasta el compuesto validado, tomó solo 46 días, una fracción del tiempo habitual.

Diseño generativo: la máquina que inventa moléculas

Si la predicción de propiedades responde a la pregunta «¿cómo se comportará esta molécula?», el diseño generativo aborda la pregunta inversa y más ambiciosa: «¿qué molécula tendría estas propiedades deseadas?». Este es el santo grial de la química computacional: en lugar de evaluar candidatos uno por uno, generar directamente moléculas a medida.

Los primeros enfoques al diseño molecular asistido por ordenador eran esencialmente búsquedas en bibliotecas: dado un catálogo de moléculas conocidas, filtrar las que cumplen ciertos criterios. Pero esto limita el descubrimiento a lo ya conocido. Los métodos generativos van mucho más allá, creando moléculas que nunca han existido, navegando el inmenso espacio de posibilidades químicas guiados por objetivos específicos.

Una de las primeras técnicas aplicadas a este problema fueron los autoencoders variacionales (Gómez-Bombarelli et al., 2018). La idea es entrenar una red neuronal para traducir moléculas a puntos en un mapa matemático, donde las moléculas similares quedan cerca unas de otras. Lo crucial es que este mapa es continuo, pudiéndose trazar un camino entre dos moléculas diferentes y encontrar moléculas intermedias a lo largo del trayecto. Esto abre una posibilidad fascinante: partir de una molécula inicial, identificar en qué dirección del mapa mejoran las propiedades deseadas, avanzar en esa dirección y traducir la nueva posición de vuelta a una molécula concreta. Es como tener un GPS que te guía hacia moléculas mejores.

Las redes generativas adversarias (GAN) también se han aplicado a química. Una GAN para moléculas consiste en un generador que produce estructuras químicas y un discriminador que intenta distinguir las moléculas generadas de las reales. El entrenamiento adversario empuja al generador a producir moléculas cada vez más realistas. Trabajos como MolGAN (De Cao y Kipf, 2018) han demostrado que este enfoque puede generar moléculas diversas y con propiedades controladas.

Pero quizá el avance más reciente ha sido la aplicación de modelos de difusión al diseño molecular. Los modelos de difusión, que han revolucionado la generación de imágenes con sistemas como DALL-E y Stable Diffusion, funcionan aprendiendo a revertir un proceso de corrupción gradual: empiezas con una imagen (o molécula) real, le añades ruido progresivamente hasta que es irreconocible, y luego entrenas un modelo para deshacer cada paso de corrupción. Una vez entrenado, puedes empezar con ruido puro y «difundir» hacia atrás para generar nuevas muestras.

El modelo EDM *(Equivariant Diffusion Model)* de Emiel Hoogeboom y colaboradores aplicó esta idea a moléculas en 3D (Hoogeboom et al., 2022), generando no solo qué átomos se conectan entre sí, sino también su disposición en el espacio. El modelo garantiza que las moléculas generadas sean físicamente coherentes, sin importar cómo las rotemos o desplacemos. Extensiones posteriores como DiffSBDD (Schneuing et al., 2023) van un paso más allá: dada la cavidad de una proteína donde debe encajar un fármaco, generan moléculas que se acoplan a ella geométrica y químicamente.

PROCESO DE GENERACIÓN: DEL RUIDO A LA MOLÉCULA

Fuente: adaptado de Morehead y Cheng (2024), *Communications Chemistry* bajo licencia CC-BY 4.0.

Figura 7.3.—Cómo una IA «inventa» moléculas a partir de la nada.

Los modelos de difusión generan moléculas tridimensionales mediante un proceso que recuerda a cómo emerge una escultura del mármol. A la izquierda, el algoritmo comienza con una nube caótica de átomos distribuidos aleatoriamente en el espacio. En cada paso, una red neuronal predice cómo reducir ligeramente ese caos, moviendo los átomos hacia posiciones más realistas y asignándoles identidades químicas (carbono, nitrógeno, oxígeno…). Tras cientos de pasos iterativos, emerge a la derecha una molécula tridimensional completa y químicamente válida que nunca antes había existido. Lo notable es que este proceso puede condicionarse, de manera que si especificamos que queremos una molécula con ciertas propiedades (solubilidad, afinidad por una proteína, baja toxicidad), el modelo guía la generación hacia estructuras que cumplan esos requisitos.

Un concepto poderoso que atraviesa todos estos métodos es el de generación condicional. En lugar de generar moléculas aleatorias, especificamos propiedades deseadas y el modelo genera candidatos que las satisfacen. Queremos una molécula con solubilidad mayor que X, toxicidad menor que Y y afinidad por la proteína Z mayor que W. El modelo, entrenado para predecir y optimizar simultáneamente, navega el espacio químico hacia regiones que cumplen estos criterios. Los sistemas más avanzados pueden equilibrar docenas de criterios a la vez, encontrando las mejores soluciones posibles en problemas de enorme complejidad.

LA SÍNTESIS PREDICHA: PLANIFICANDO EL CAMINO AL LABORATORIO

Diseñar una molécula en el ordenador es solo la mitad del desafío. La otra mitad, igualmente importante, es descubrir cómo sintetizarla en el laboratorio. Una molécula teóricamente perfecta es inútil si no existe un camino práctico para fabricarla. Esta es la tarea de la planificación de síntesis, y la IA está transformando radicalmente cómo se aborda.

La retrosíntesis, concepto introducido por Elías James Corey en los años 60 (trabajo que le valdría el Premio Nobel de Química en 1990), es el proceso de razonar hacia atrás desde el producto deseado hacia materiales de partida disponibles (Corey, 1991). ¿Qué reacciones podrían producir esta molécula? ¿Y qué reacciones producirían los precursores de esas reacciones? El árbol de posibilidades se ramifica exponencialmente, y encontrar un camino sintético viable entre millones de alternativas es una tarea que requiere una profunda experiencia química.

Los primeros sistemas computacionales de retrosíntesis, como LHASA, desarrollado por el propio Corey, codificaban reglas químicas explícitas: transformaciones conocidas, grupos protectores, estrategias de desconexión... Estos sistemas basados en reglas requerían un enorme esfuerzo de codificación manual y eran inevitablemente incompletos, limitados por el conocimiento que los expertos humanos habían introducido.

El aprendizaje automático ha cambiado el paradigma. En lugar de codificar reglas, los sistemas modernos aprenden patrones de transformación directamente de bases de datos de reacciones químicas. El ya mencionado *Molecular Transformer* trata la retrosíntesis como un problema de traducción: traducir del «lenguaje» de los productos al «lenguaje» de los reactivos. Entrenado con millones de reacciones reales, el modelo aprende no solo transformaciones conocidas sino también generalizaciones que los químicos humanos podrían no haber anticipado.

El sistema MEGAN *(Molecular Edit Graph Attention Network)*, desarrollado por Wojciech Sacha y colaboradores, adopta un enfoque diferente (Sacha et al., 2021). En lugar de generar reactivos completos, predice secuencias de ediciones al grafo molecular: romper este enlace, formar aquel otro, añadir este grupo... Este enfoque de «edición molecular» es más interpretable y puede capturar mejor la lógica incremental que los químicos utilizan al razonar sobre síntesis.

Pero la verdadera potencia emerge cuando estos modelos de paso único se combinan en sistemas de planificación multipasos. AiZynthFinder, desarrollado por AstraZeneca, integra modelos de retrosíntesis con algoritmos de búsqueda en árbol para encontrar rutas completas desde el producto hasta materiales comercialmente disponibles (Genheden et al., 2020). El sistema puede explorar millones de rutas potenciales, evaluando cada una por factibilidad sintética, coste de materiales y número de pasos, para recomendar las opciones más prácticas.

Un avance importante ha sido la incorporación de información sobre condiciones de reacción. No basta con saber qué reactivos usar; hay que especificar temperatura, disolvente, catalizador, tiempo de reacción... El modelo de Schwaller y colaboradores extiende el *Molecular Transformer* para predecir no solo productos, sino también rendimientos y condiciones óptimas (Schwaller et al., 2021). Esto acerca las predicciones computacionales a lo que realmente se necesita para ejecutar una síntesis en el laboratorio.

La validación de estas herramientas en el mundo real es crucial. Un estudio de 2020 comparó las rutas sintéticas propuestas por varios sistemas de IA con las diseñadas por químicos expertos para el mismo conjunto de moléculas objetivo (Schwaller et al., 2020). Los resultados fueron reveladores: las rutas propuestas por IA eran comparables en calidad a las humanas, y en algunos casos sugerían alternativas más elegantes o cortas que los expertos no habían considerado. La IA no reemplaza la creatividad química, pero la amplifica y la acelera.

EL CIENTÍFICO ROBÓTICO: CERRANDO EL CICLO

Todo lo que hemos discutido hasta ahora (representaciones moleculares, predicción de propiedades, diseño generativo o planificación de síntesis) ocurre en el dominio virtual, en simulaciones y predicciones. Pero la química es, en última instancia, una ciencia experimental. Las moléculas deben sintetizarse y probarse en el mundo real. Y aquí es donde entra el concepto más transformador de todos: el laboratorio autónomo.

Un laboratorio autónomo integra todas las piezas: algoritmos de diseño que proponen qué hacer, robots que ejecutan los experimentos, instrumentos que miden los resultados, y sistemas de análisis que interpretan los datos y deciden los siguientes pasos. El ciclo se cierra completamente: diseño-síntesis-caracterización-análisis-nuevo diseño, operando continuamente sin intervención humana.

El primer «científico robótico» verdaderamente autónomo fue Adam, desarrollado por Ross King y su equipo en la Universidad de Aberystwyth a finales de los años 2000 (King et al., 2009). Adam estaba diseñado para investigar la bioquímica de levaduras: formulaba hipótesis sobre qué genes codificaban qué enzimas, diseñaba experimentos para probar esas hipótesis, ejecutaba los experimentos robóticamente y analizaba los resultados para refinar sus teorías. Adam hizo descubrimientos genuinos, identificando funciones de genes previamente desconocidas, y lo hizo con mínima supervisión humana. Su sucesor, Eve, se enfocó en el descubrimiento de fármacos para enfermedades tropicales desatendidas (Williams et al., 2015).

Desde entonces, el campo ha explotado. La plataforma ChemOS/self-driving laboratories de Alán Aspuru-Guzik y colaboradores representa una visión ambiciosa de laboratorios totalmente automatizados (Häse et al., 2019). Combina control robótico de instrumentos, modelos de aprendizaje automático para guiar la exploración y algoritmos de optimización bayesiana para decidir eficientemente qué experimentos realizar. El sistema ha demostrado capacidad para optimizar síntesis de moléculas orgánicas, descubrir nuevos materiales funcionales y acelerar el desarrollo de flujos de trabajo químicos.

Un ejemplo particularmente impresionante es el trabajo del grupo de Lee Cronin en Glasgow. Su sistema robótico para química orgánica puede ejecutar secuencias complejas de síntesis, incluyendo múltiples pasos de reacción, purificación y caracterización (Steiner et al., 2019). Lo más notable es que el sistema puede descubrir nuevas reacciones químicas: al explorar sistemáticamente combinaciones de reactivos, ha encontrado transformaciones que no estaban documentadas en la literatura. Es un ejemplo de descubrimiento científico genuino realizado por una máquina.

La síntesis de materiales presenta oportunidades únicas para la automatización. Un equipo de Berkeley Lab desarrolló un sistema autónomo para descubrir nuevos materiales inorgánicos con las propiedades deseadas (Szymanski et al., 2023). El sistema genera hipótesis sobre qué composiciones químicas podrían tener propiedades interesantes, sintetiza muestras mediante técnicas de deposición automatizada, caracteriza su estructura y

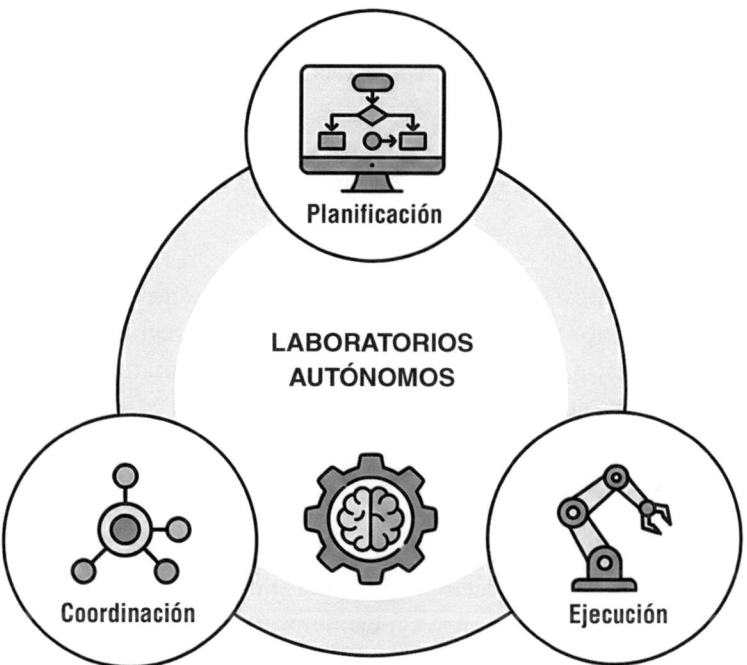

Figura 7.4.—Los tres pilares de un laboratorio autónomo.

Un sistema de química autónoma integra tres funciones esenciales orquestadas por IA. La *planificación* decide qué experimentos realizar y en qué orden, optimizando la exploración del espacio químico. La *ejecución* la llevan a cabo brazos robóticos y equipos automatizados que manipulan reactivos, y controlan temperaturas y tiempos con precisión. La *coordinación* conecta ambas funciones, integrando los resultados de cada experimento para que el sistema aprenda y ajuste su estrategia en tiempo real. En el centro, un algoritmo de aprendizaje automático actúa como el «cerebro» que mantiene todo funcionando de manera coherente, tomando decisiones que antes requerían la intuición de un químico experimentado.

propiedades, y utiliza los resultados para guiar futuras síntesis. En una demostración impresionante, el sistema descubrió 41 nuevos materiales en 17 días de operación autónoma.

La pandemia de COVID-19 aceleró el interés en laboratorios autónomos para el descubrimiento de fármacos. El consorcio COVID Moonshot reunió a científicos de todo el mundo para diseñar y sintetizar inhibidores de la proteasa principal del coronavirus (Achdout et al., 2022). Aunque no totalmente autónomo, el proyecto demostró cómo la combinación de diseño computacional, síntesis automatizada y evaluación de alto rendimiento podía reducir drásticamente los tiempos de desarrollo. Miles de compuestos fueron diseñados, sintetizados y probados en meses, un proceso que tradicionalmente habría llevado años.

OPTIMIZACIÓN INTELIGENTE: APRENDER A EXPERIMENTAR MEJOR

Un ingrediente clave del laboratorio autónomo es la estrategia de exploración: dado un presupuesto limitado de experimentos, ¿cuáles deberíamos realizar para aprender lo máximo posible? Esta pregunta, fundamental en cualquier investigación científica, tiene respuestas matemáticamente rigurosas en el marco de la denominada optimización bayesiana.

La optimización bayesiana es especialmente adecuada para problemas donde cada experimento es costoso (en tiempo, dinero o materiales) y donde el espacio de posibilidades es inabarcable. En lugar de explorar a ciegas, el sistema construye un mapa de lo que sabe y lo que ignora: no solo estima qué resultado dará cada experimento, sino también cuánta confianza tiene en esa estimación. Los siguientes experimentos se eligen buscando un equilibrio: a veces se prueban regiones que parecen prometedoras, mientras que otras veces se exploran zonas desconocidas donde podría haber sorpresas. Así, cada experimento aporta la máxima información posible.

En el contexto de química, esto se traduce en preguntas como: ¿qué combinación de temperatura, presión y catalizador deberíamos probar a continuación para maximizar el rendimiento de esta reacción? ¿Qué modificación de esta molécula nos enseñaría más sobre cómo su forma afecta a su función? Existen herramientas matemáticas que permiten responder a estas preguntas de forma rigurosa, eligiendo siempre el experimento más informativo.

El sistema EDBO *(Experimental Design via Bayesian Optimization),* desarrollado por Abigail Doyle, Benjamin Shields y colaboradores, aplica estas ideas a la optimización de reacciones químicas (Shields et al., 2021). En lugar de variar parámetros uno por uno (el enfoque tradicional), EDBO explora el espacio multidimensional de condiciones de forma inteligente, encontrando óptimos en muchos menos experimentos de los que requeriría una búsqueda sistemática. En pruebas experimentales, EDBO encontró condiciones de reacción superiores con cinco a diez veces menos experimentos que los métodos convencionales.

El aprendizaje de transferencia añade otra capa de sofisticación. Los conocimientos adquiridos optimizando una reacción pueden ser útiles para optimizar otra relacionada. Un sistema de IA que ha explorado cientos de reacciones de un tipo desarrolla intuición sobre qué variables suelen importar, qué rangos de parámetros son razonables o qué combinaciones son problemáticas. Esta experiencia acumulada puede transferirse a nuevas tareas, permitiendo encontrar óptimos incluso más rápido (Janet et al., 2020).

EL ESPACIO QUÍMICO: NAVEGANDO LO INFINITO

Para apreciar la magnitud del desafío que enfrentan estos sistemas conviene reflexionar sobre el tamaño del espacio químico que intentan explorar. ¿Cuántas moléculas diferentes podrían existir? La respuesta es, para efectos prácticos, infinita.

Consideremos solo las moléculas orgánicas pequeñas, con hasta 30 átomos de carbono, nitrógeno, oxígeno y unos pocos elementos más: el tipo de moléculas que constituyen la mayoría de los fármacos. Estimaciones rigurosas sugieren que hay al menos 10^{60} (un 1 seguido de 60 ceros) moléculas posibles que cumplen criterios básicos de estabilidad y «*drug-likeness*» (Bohacek et al., 1996). Para poner esto en perspectiva, el número de átomos en el universo observable es del orden de 10^{80}. La química conocida por la humanidad, los aproximadamente 100 millones de compuestos registrados en bases de datos como CAS, representa una fracción infinitesimal de lo posible.

Pero este inmenso espacio tiene estructura. No es un caos aleatorio donde cualquier configuración es igualmente probable o interesante. Hay regiones densas en moléculas estables y regiones vacías de inestabilidad. Hay valles donde pequeños cambios estructurales producen pequeños cambios de propiedades, y crestas donde cambios mínimos causan transiciones abruptas. Hay familias de compuestos relacionados, estructuras base que se decoran de múltiples formas, o motivos recurrentes que la evolución y la química sintética han favorecido.

Los modelos generativos que hemos comentado anteriormente aprenden esta estructura implícitamente. Un VAE bien entrenado no asigna probabilidad uniforme a todas las moléculas concebibles, sino que concentra la probabilidad en regiones químicamente sensatas, las que se parecen a lo que ha visto en los datos de entrenamiento. Esto es a la vez una fortaleza y una limitación: el modelo navega eficientemente el espacio conocido, pero puede tener dificultades para aventurarse en territorios genuinamente novedosos.

Las herramientas de visualización y análisis de espacio químico ayudan a entender dónde nos encontramos y hacia dónde podríamos ir. Mediante técnicas matemáticas sofisticadas (como t-SNE y UMAP), es posible representar millones de moléculas en mapas donde la cercanía refleja similitud química: moléculas parecidas aparecen juntas. Estos mapas revelan grupos de compuestos relacionados, regiones vacías que podrían contener compuestos interesantes aún por explorar, y qué zonas cubren las diferentes bases de datos.

Una pregunta fascinante es si existen «*dark corners*» del espacio químico: regiones donde moléculas estables y útiles existen pero que la química humana nunca ha explorado. La síntesis orgánica tradicional, desarrollada durante siglo y medio, favorece ciertos tipos de transformaciones y desatiende otros. Los sesgos de los químicos humanos, las limitaciones de los métodos sintéticos disponibles y la inercia de las tradiciones académicas han creado una exploración altamente heterogénea del espacio de posibilidades. La IA, libre de estos sesgos históricos, podría explorar territorios que hemos ignorado.

Química verde e IA

Más allá de acelerar el descubrimiento, la IA tiene el potencial de hacer la química más sostenible. La química verde, un área que busca diseñar procesos y productos químicos que minimicen el impacto ambiental, puede beneficiarse enormemente de las herramientas que hemos discutido.

Los principios de la química verde, articulados por Paul Anastas y John Warner en los años noventa, incluyen el uso de materias primas renovables, la minimización de residuos, la evitación de sustancias tóxicas y el diseño de procesos energéticamente eficientes (Anastas y Warner, 1998). Implementar estos principios requiere considerar múltiples criterios simultáneamente, exactamente el tipo de optimización multiobjetivo donde la IA sobresale.

Los sistemas de planificación de síntesis pueden incorporar métricas de sostenibilidad. En lugar de optimizar solo para rendimiento y número de pasos, pueden penalizar el uso de disolventes tóxicos, materiales escasos o procesos que generan residuos peligrosos. El sistema ASKCOS del MIT, por ejemplo, permite filtrar rutas sintéticas por criterios ambientales, favoreciendo alternativas más verdes (Coley et al., 2019).

El diseño de catalizadores es un área donde la IA puede tener un impacto ambiental particularmente significativo. Los catalizadores permiten que las reacciones químicas ocurran más rápido y con menos energía, pero muchos catalizadores industriales actuales utilizan metales raros o tóxicos. Los modelos de aprendizaje automático pueden acelerar la búsqueda de catalizadores basados en materiales abundantes y benignos. El proyecto Catalysis Hub, una base de datos de cálculos cuánticos sobre superficies catalíticas, proporciona datos para entrenar estos modelos (Winther et al., 2019).

La predicción de propiedades ambientales, como biodegradabilidad, toxicidad acuática y potencial de calentamiento global, es otra aplicación crucial. Antes de sintetizar un nuevo compuesto, los modelos de IA pueden estimar su perfil ambiental, permitiendo descartar candidatos problemáticos en etapas tempranas del desarrollo. Bases de datos como REACH (*Registration, Evaluation, Authorisation and Restriction of Chemicals*) de la Unión Europea proporcionan datos de toxicidad y destino ambiental que pueden usarse para entrenar estos modelos predictivos.

DESAFÍOS Y LIMITACIONES

No todo es optimismo. La química asistida por IA enfrenta desafíos significativos que conviene examinar honestamente. El problema de los datos es fundamental. Los modelos de aprendizaje automático requieren grandes cantidades de datos de alta calidad, pero los datos químicos disponibles tienen limitaciones importantes. Las bases de datos de reacciones, mayoritariamente extraídas de patentes y publicaciones, contienen sesgos sistemáticos: se reportan preferentemente las reacciones que funcionan bien, ocultando los fracasos que podrían ser igualmente informativos. Los datos de propiedades farmacológicas suelen ser guardados celosamente por las compañías farmacéuticas. Y las mediciones experimentales inevitablemente tienen incertidumbres que los modelos no siempre capturan adecuadamente.

La validación experimental es más difícil de lo que a veces se admite. Muchas publicaciones en el campo muestran rendimientos impresionantes en conjuntos de prueba computacionales, pero la transferencia al laboratorio real puede ser decepcionante. Las condiciones idealizadas de una simulación rara vez se reproducen exactamente en la práctica. Un compuesto predicho como altamente activo puede resultar imposible de sintetizar, inestable bajo condiciones atmosféricas, o tóxico de formas que el modelo no anticipó.

La explicabilidad sigue siendo un problema también en este contexto. Los químicos, con razón, quieren entender por qué un modelo hace determinada predicción. Si un algoritmo sugiere que cierta molécula será un buen fármaco, el químico quiere saber qué características estructurales son responsables, para poder razonar sobre variaciones y alternativas. Pero muchos modelos de aprendizaje profundo son esencialmente cajas negras, haciendo predicciones precisas sin ofrecer explicaciones comprensibles. Las técnicas de interpretabilidad como SHAP *(SHapley Additive exPlanations)* o los mapas de atención ayudan, pero predecir no es lo mismo que comprender, y esa diferencia persiste.

Por otro lado, la integración práctica en flujos de trabajo existentes presenta también obstáculos importantes. Los químicos han desarrollado prácticas de trabajo durante décadas, y cambiar estas prácticas requiere no solo nuevas herramientas sino también nuevas habilidades y actitudes. Un laboratorio que quiera adoptar síntesis automatizada necesita invertir no solo en robots sino en formación del personal, modificación de instalaciones y desarrollo de protocolos adaptados a las nuevas capacidades.

Finalmente, en este campo surgen preocupaciones legítimas sobre el impacto laboral. Si los robots pueden sintetizar moléculas y los algoritmos pueden diseñarlas, ¿qué papel queda para los químicos humanos? Una posible respuesta, análoga a la que dimos en otros capítulos, es que la IA no reemplaza a los químicos, sino que amplifica sus capacidades. Probablemente, los químicos del futuro serán más programadores, más analistas de datos, más directores de sistemas automatizados que pipeteadores manuales. Pero esta transición requerirá adaptación, y no será sencilla.

CONCLUSIÓN: EL LABORATORIO QUE APRENDE

A lo largo de este capítulo hemos recorrido un territorio fascinante: desde las representaciones matemáticas que permiten a las máquinas «entender» moléculas, hasta los laboratorios autónomos donde robots guiados por IA sintetizan compuestos mientras sus creadores humanos duermen. Es un panorama que ilustra perfectamente los temas centrales de este libro: la sinergia entre inteligencia humana y artificial, la aceleración del descubrimiento científico, y los desafíos éticos y prácticos que acompañan a estas transformaciones.

La química siempre ha sido una ciencia a caballo entre la comprensión teórica y la manipulación práctica de la materia. Esta naturaleza dual la hace particularmente receptiva a la revolución de la IA. Los químicos llevan décadas utilizando ordenadores para predecir y simular; la transición al aprendizaje automático es, en cierto sentido, una evolución natural. Y la tradición experimental de la química, con sus protocolos estandarizados y sus mediciones cuantitativas, proporciona exactamente el tipo de datos que los algoritmos de IA necesitan para aprender.

¿Hacia dónde se dirige esta química inteligente? A corto plazo, veremos una integración cada vez mayor de herramientas de IA en el flujo de trabajo convencional: predicción de propiedades, planificación de síntesis y análisis de datos se convertirán en servicios tan naturales como usar un espectrómetro. A medio plazo, los laboratorios autónomos se extenderán en dominios específicos donde la automatización es particularmente ventajosa. A largo plazo, la frontera entre «diseño computacional» y «síntesis experimental» podría difuminarse por completo: algoritmos navegando fluidamente entre simulación y experimento, bibliotecas de moléculas «por encargo», química personalizada para cada paciente o aplicación...

Estas visiones plantean preguntas profundas. ¿Qué significa «hacer ciencia» cuando gran parte del trabajo lo realizan máquinas? ¿Cómo se regula un sistema capaz de sintetizar virtualmente cualquier molécula? Pero no perdamos de vista lo que está realmente en juego. Las moléculas que estos sistemas diseñan no son abstracciones matemáticas: son sustancias que interactuarán con cuerpos humanos, ecosistemas y procesos industriales. Un fármaco descubierto por

IA podría salvar millones de vidas. Un material diseñado algorítmicamente podría hacer viables las baterías que la transición energética necesita. La química inteligente no es solo un ejercicio académico; es una tecnología con potencial para abordar algunos de los desafíos más urgentes de nuestro tiempo.

En el próximo capítulo miraremos hacia arriba, hacia el cosmos, para ver cómo la IA está transformando nuestra capacidad de explorar el universo. Desde la clasificación automática de millones de estrellas hasta la búsqueda de planetas habitables alrededor de otras estrellas, la astronomía ejemplifica otra faceta de la Ciencia 5.0: el uso de algoritmos para encontrar señales sutiles en océanos de datos. El cielo nocturno, que la humanidad ha contemplado durante milenios, nos revela ahora secretos que solo unos ojos artificiales pueden discernir.

Bibliografía

Abolhasani, M. y Kumacheva, E. (2023). The rise of self-driving labs in chemical and materials sciences. *Nature Synthesis, 2,* 483-492.

Achdout, H., Aimon, A., Bar-David, E. et al. (2022). COVID Moonshot: Open science discovery of SARS-CoV-2 main protease inhibitors by combining crowdsourcing, high-throughput experiments, computational simulations, and machine learning. *Science, 378*(6625), eabo5069.

Anastas, P. T. y Warner, J. C. (1998). *Green Chemistry: Theory and Practice.* Oxford University Press.

Bohacek, R. S., McMartin, C. y Guida, W. C. (1996). The art and practice of structure-based drug design: A molecular modeling perspective. *Medicinal Research Reviews, 16*(1), 3-50.

Coley, C. W., Thomas, D. A., Lummiss, J. A. et al. (2019). A robotic platform for flow synthesis of organic compounds informed by AI planning. *Science, 365*(6453), eaax1566.

Corey, E. J. (1991). The logic of chemical synthesis: Multistep synthesis of complex carbogenic molecules (Nobel Lecture). *Angewandte Chemie International Edition, 30*(5), 455-465.

De Cao, N. y Kipf, T. (2018). MolGAN: *An implicit generative model for small molecular graphs.* ICML 2018 Workshop on Theoretical Foundations and Applications of Deep Generative Models.

DiMasi, J. A., Grabowski, H. G. y Hansen, R. W. (2016). Innovation in the pharmaceutical industry: New estimates of R&D costs. *Journal of Health Economics, 47,* 20-33.

Gasteiger, J., Becker, F. y Günnemann, S. (2021). GemNet: Universal directional graph neural networks for molecules. *Advances in Neural Information Processing Systems, 34,* 6790-6802.

Gasteiger, J., Groß, J. y Günnemann, S. (2020). *Directional message passing for molecular graphs.* International Conference on Learning Representations (ICLR).

Genheden, S., Thakkar, A., Chadimová, V. et al. (2020). AiZynthFinder: a fast, robust and flexible open-source software for retrosynthetic planning. *Journal of Cheminformatics, 12,* 70.

Gilmer, J., Schoenholz, S. S., Riley, P. F., Vinyals, O. y Dahl, G. E. (2017). *Neural message passing for quantum chemistry.* Proceedings of the 34th International Conference on Machine Learning, 1263-1272.

Gómez-Bombarelli, R., Wei, J. N., Duvenaud, D. et al. (2018). Automatic chemical design using a data-driven continuous representation of molecules. *ACS Central Science, 4*(2), 268-276.

Häse, F., Roch, L. M. y Aspuru-Guzik, A. (2019). Next-generation experimentation with self-driving laboratories. *Trends in Chemistry, 1*(3), 282-291.

Hoogeboom, E., Satorras, V. G., Vignac, C. y Welling, M. (2022). *Equivariant diffusion for molecule generation in 3D.* Proceedings of the 39th International Conference on Machine Learning, 8867-8887.

Janet, J. P., Ramesh, S., Duan, C. y Kulik, H. J. (2020). Accurate multiobjective design in a space of millions of transition metal complexes with neural-network-driven efficient global optimization. *ACS Central Science, 6*(4), 513-524.

King, R. D., Rowland, J., Oliver, S. G. et al. (2009). The automation of science. *Science, 324*(5923), 85-89.

Kohn, W. y Sham, L. J. (1965). Self-consistent equations including exchange and correlation effects. *Physical Review, 140*(4A), A1133-A1138.

Lipinski, C. A., Lombardo, F., Dominy, B. W. y Feeney, P. J. (2001). Experimental and computational approaches to estimate solubility and permeability in drug discovery and development settings. *Advanced Drug Delivery Reviews, 46*(1-3), 3-26.

Sacha, W., Staszak, M., Hedlund, J. et al. (2021). Molecule edit graph attention network: Modeling chemical reactions as sequences of graph edits. *Journal of Chemical Information and Modeling, 61*(7), 3273-3284.

Schneuing, A., Du, Y., Harris, C. et al. (2023). *Structure-based drug design with equivariant diffusion models.* arXiv:2210.13695.

Schütt, K. T., Sauceda, H. E., Kindermans, P. J., Tkatchenko, A. y Müller, K. R. (2018). SchNet - A deep learning architecture for molecules and materials. *The Journal of Chemical Physics, 148*(24), 241722.

Schwaller, P., Laino, T., Gaudin, T. et al. (2019). Molecular transformer: A model for uncertainty-calibrated chemical reaction prediction. *ACS Central Science, 5*(9), 1572-1583.

Schwaller, P., Petraglia, R., Zuber, V. et al. (2020). Predicting retrosynthetic pathways using transformer-based models and a hyper-graph exploration strategy. *Chemical Science, 11*(12), 3316-3325.

Schwaller, P., Vaucher, A. C., Laino, T. y Reymond, J. L. (2021). Prediction of chemical reaction yields using deep learning. *Machine Learning: Science and Technology, 2*(1), 015016.

Shields, B. J., Stevens, J., Li, J. et al. (2021). Bayesian reaction optimization as a tool for chemical synthesis. *Nature, 590,* 89-96.

Smith, J. S., Isayev, O. y Roitberg, A. E. (2017). ANI-1: An extensible neural network potential with DFT accuracy at force field computational cost. *Chemical Science, 8*(4), 3192-3203.

Steiner, S., Wolf, J., Glatzel, S. et al. (2019). Organic synthesis in a modular robotic system driven by a chemical programming language. *Science, 363*(6423), eaav2211.

Szymanski, N. J., Rendy, B., Fei, Y. et al. (2023). An autonomous laboratory for the accelerated synthesis of novel materials. *Nature, 624,* 86-91.

Weininger, D. (1988). SMILES, a chemical language and information system. 1. Introduction to methodology and encoding rules. *Journal of Chemical Information and Computer Sciences, 28*(1), 31-36.

Williams, K., Bilsland, E., Sparkes, A. et al. (2015). Cheaper faster drug development validated by the repositioning of drugs against neglected tropical diseases. *Journal of the Royal Society Interface, 12*(104), 20141289.

Winther, K. T., Hoffmann, M. J., Boes, J. R. et al. (2019). Catalysis-Hub.org, an open electronic structure database for surface reactions. *Scientific Data, 6,* 75.

Zhavoronkov, A., Ivanenkov, Y. A., Aliper, A. et al. (2019). Deep learning enables rapid identification of potent DDR1 kinase inhibitors. *Nature Biotechnology, 37,* 1038-1040.

Zhou, G., Gao, Z., Ding, Q. et al. (2023). *Uni-Mol: A universal 3D molecular representation learning framework.* International Conference on Learning Representations (ICLR).

8

ASTRONOMÍA CON OJOS ALGORÍTMICOS: EXPLORANDO EL UNIVERSO DE LA MANO DE LA IA

«Nos hemos asomado a un mundo nuevo y hemos visto
que es más misterioso y más complejo
de lo que habíamos imaginado.»

VERA C. RUBIN, astrónoma

EL DILUVIO DE DATOS CÓSMICOS

Cada noche, mientras dormimos, cientos de telescopios fotografían el cielo completo, de horizonte a horizonte, con una resolución tan extraordinaria que cada estrella, cada galaxia, cada tenue destello de luz queda registrado. Y lo repiten noche tras noche, acumulando un archivo de imágenes que crece sin cesar. Docenas de observatorios repartidos por todo el planeta y en el espacio, cada uno escrutando su parcela de firmamento, generan ríos de datos que confluyen en un océano de información astronómica. Esta es la realidad de la astronomía del siglo XXI.

El Observatorio Vera C. Rubin, situado en las cumbres de los Andes chilenos y que ha comenzado a operar plenamente en 2025, es capaz de capturar cada noche más de 20 terabytes de imágenes del cielo austral, calculándose que genere a lo largo de su vida útil un archivo de más de 60 petabytes, suficiente para almacenar todas las películas jamás producidas por Hollywood multiplicadas por diez (Ivezić et al., 2019). El telescopio espacial Euclid, lanzado por la Agencia Espacial Europea en 2023, cartografiará miles de millones de galaxias para desentrañar los misterios de la energía oscura (Laureijs et al., 2011). Y el Square Kilometre Array, un conjunto de antenas de radio que se extenderá por Australia y Sudáfrica, producirá más datos en un solo día que todo el tráfico de Internet mundial (Dewdney et al., 2009).

Esta avalancha de información representa tanto una oportunidad sin precedentes como un desafío formidable. Durante siglos, los astrónomos pudieron examinar personalmente cada imagen, cada espectro, cada curva de luz que sus instrumentos producían. El astrónomo del siglo XIX pasaba noches enteras con el ojo pegado al ocular del telescopio, dibujando pacientemente lo que veía. El del siglo XX revelaba placas fotográficas y las escudriñaba con lupa, buscando el tenue movimiento de un asteroide o la súbita aparición de una supernova. Pero el astrónomo del siglo XXI se enfrenta a un volumen de datos que ningún ejército de científicos podría procesar manualmente. Si cada imagen del Vera Rubin Observatory se examinara durante apenas un segundo, una persona necesitaría más de 300 años para revisar la producción de una sola noche.

Es aquí donde entra en escena la IA, transformando radicalmente la forma en que exploramos el cosmos. Los algoritmos de aprendizaje automático no se cansan, no pierden concentración, no pasan por alto detalles por fatiga o distracción. Pueden procesar millones de imágenes en horas, clasificar objetos celestes con precisión sobrehumana, detectar patrones sutiles que escaparían al ojo más entrenado. Y, lo que es más fascinante, pueden descubrir fenómenos que los astrónomos ni siquiera sabían que debían buscar.

En este capítulo exploraremos cómo la IA está revolucionando nuestra comprensión del universo. Desde la clasificación automática de galaxias hasta la búsqueda de planetas habitables, desde la detección de eventos transitorios hasta la simulación de estructuras cósmicas, veremos cómo los algoritmos se han convertido en los ojos algorítmicos a través de los cuales la humanidad contempla las profundidades del espacio. Es, nuevamente, una historia que ilustra perfectamente el espíritu de la Ciencia 5.0: la colaboración entre la curiosidad humana y la potencia computacional para desentrañar los secretos más profundos de la naturaleza.

CLASIFICANDO UN ZOOLÓGICO DE GALAXIAS

Las galaxias, esas islas de estrellas que salpican el océano cósmico, poseen una asombrosa variedad de formas y tamaños. Edwin Hubble, el mismo que demostró en los años 1920 que el universo se expande, fue el primero en intentar poner orden en este caos clasificando las galaxias según su apariencia (Hubble, 1926). Su famoso diagrama de diapasón distinguía entre galaxias elípticas, con forma de balón de rugby cósmico, y galaxias espirales, con brazos majestuosos que se enroscan alrededor de un núcleo brillante. Las espirales podían ser asimismo «normales» o «barradas», dependiendo de si presentaban una barra central de estrellas atravesando su corazón.

Durante décadas, esta clasificación se realizó a mano, con astrónomos examinando cada imagen y asignando categorías basándose en su experiencia y criterio. Pero a medida que los catálogos crecían, pasando de miles a millones de galaxias, este enfoque se volvió insostenible. Un proyecto pionero llamado Galaxy Zoo, lanzado en 2007, propuso una solución ingeniosa: reclutar a ciudadanos voluntarios para clasificar galaxias a través de Internet (Lintott et al., 2008). Cientos de miles de personas de todo el mundo participaron, clasificando más de 900.000 galaxias en el primer año. Fue un éxito extraordinario que demostró el poder de la ciencia ciudadana, pero también reveló sus limitaciones: incluso con ejércitos de voluntarios, el ritmo de clasificación no podía seguir el paso de los nuevos telescopios.

La solución definitiva vino de la mano del aprendizaje profundo. En 2015, un equipo liderado por Sander Dieleman demostró que las redes neuronales convolucionales, las mismas que habían revolucionado el reconocimiento de imágenes en aplicaciones cotidianas, podían clasificar galaxias con una precisión comparable a la de los clasificadores humanos de Galaxy Zoo (Dieleman et al., 2015). El modelo, entrenado con las clasificaciones producidas por los voluntarios, aprendió a reconocer las características visuales que distinguen una espiral de una elíptica o una galaxia en fusión de una aislada.

Lo fascinante de estos modelos es que no se les dice explícitamente qué características buscar. Nadie programa instrucciones del tipo «si hay brazos curvados, es una espiral». En su lugar, la red neuronal descubre por sí misma qué patrones visuales son relevantes, desarrollando una representación interna de las galaxias que puede ser más rica y matizada que las categorías discretas de la clasificación tradicional. Los investigadores han visualizado qué «ven» las diferentes capas de estas redes, descubriendo que las primeras capas detectan bordes y texturas básicas, mientras que las capas más profundas reconocen estructuras complejas como brazos espirales, barras centrales o núcleos activos.

Modelos más recientes han llevado esta capacidad aún más lejos. El trabajo de Michelle Huertas-Company y colaboradores ha demostrado que las redes neuronales pueden identificar propiedades físicas de las galaxias, como su masa estelar o su ritmo de formación de estrellas, directamente a partir de las imágenes, sin necesidad de análisis espectroscópicos costosos (Huertas-Company et al., 2018). Otros grupos de investigación han entrenado modelos para detectar galaxias en proceso de fusión, un fenómeno violento y transformador donde dos galaxias colisionan y se funden en una sola estructura mayor (Pearson et al., 2019). Estas fusiones son cruciales para entender la evolución galáctica, pero son difíciles de identificar por su naturaleza transitoria y sus formas distorsionadas.

Un desarrollo particularmente prometedor es el uso de aprendizaje no supervisado para descubrir nuevos tipos de objetos que no encajan en las categorías tradicionales. En lugar de entrenar un modelo para reproducir clasificaciones humanas preexistentes, se deja que el algoritmo agrupe las galaxias según sus propias similitudes internas. Este enfoque ha revelado poblaciones de galaxias con características inusuales que habían pasado desapercibidas, algunas de las cuales podrían representar fases evolutivas previamente desconocidas (Baron y Poznanski, 2017).

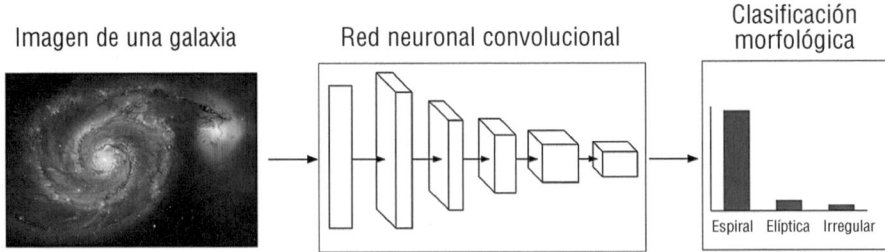

FUENTE: elaboración propia excepto la imagen de la izquierda: NASA, ESA, S. Beckwith (STScI) y *The Hubble Heritage Team* (STScI/AURA), vía ESA/Hubble (heic0506a). Licencia: Creative Commons Attribution 4.0 International (CC BY 4.0).

Figura 8.1.—Una red neuronal convolucional aprende a clasificar galaxias según su morfología.

La imagen de entrada —en este caso la icónica galaxia del Remolino (M51), captada por el telescopio Hubble— se procesa a través de capas sucesivas que extraen características cada vez más abstractas, desde bordes y texturas hasta la estructura global de los brazos espirales. La salida es una distribución de probabilidades sobre las tres categorías morfológicas principales que caracterizan a las galaxias.

La caza de exoplanetas:
señales débiles en un océano de datos

Si clasificar galaxias es como ordenar una biblioteca colosal, detectar planetas alrededor de otras estrellas es como encontrar una luciérnaga junto a un faro, tratando de observarla desde el otro lado del océano. Los exoplanetas, como se conoce a los mundos que orbitan estrellas distintas del Sol, son extraordinariamente difíciles de observar directamente: son miles de millones de veces más tenues que sus estrellas anfitrionas y están separados de ellas por ángulos diminutos. La mayoría de los más de 5.500 exoplanetas confirmados hasta la fecha se han descubierto mediante métodos indirectos, observando no el planeta en sí, sino su efecto sobre la estrella que orbita.

El denominado método de tránsitos, utilizado por las misiones espaciales Kepler y TESS de la NASA, se basa en detectar la ligera disminución de brillo que se produce cuando un planeta pasa por delante de su estrella, bloqueando una fracción minúscula de su luz (Borucki et al., 2010). Un planeta del tamaño de Júpiter produce una caída de brillo de aproximadamente el 1%, mientras que uno del tamaño de la Tierra causa una disminución de apenas el 0,01%. Detectar estas señales requiere medir el brillo de las estrellas con una precisión extraordinaria y, lo que es más problemático, distinguir los tránsitos genuinos de los numerosos fenómenos que pueden imitarlos: manchas estelares, estrellas binarias eclipsantes o ruido instrumental.

La misión Kepler, que operó entre 2009 y 2018, monitorizó el brillo de más de 150.000 estrellas durante años, acumulando un archivo de datos de una riqueza sin precedentes. Los primeros descubrimientos se realizaron mediante inspección visual y algoritmos relativamente simples, pero pronto quedó claro que este enfoque dejaba escapar muchos candidatos sutiles. Fue entonces cuando la IA comenzó a mostrar su potencial en este contexto.

En 2018, un equipo de Google Brain, en colaboración con astrónomos de la Universidad de Texas, demostró que las redes neuronales podían identificar exoplanetas en los datos de Kepler con una precisión superior a los métodos tradicionales (Shallue y Vanderburg, 2018). Su modelo, entrenado con miles de curvas de luz etiquetadas como «planeta» o «no planeta», aprendió a distinguir las características sutiles de los tránsitos genuinos. Lo más fascinante fue que, al aplicar el modelo a datos ya analizados, descubrió dos nuevos planetas que habían escapado a búsquedas anteriores, incluyendo Kepler-90i, el octavo planeta de un sistema que igualaba en número de planetas al nuestro.

La misión TESS *(Transiting Exoplanet Survey Satellite)*, lanzada en 2018, representa un desafío aún mayor. Mientras Kepler observaba un solo parche de cielo con gran profundidad, TESS escanea casi todo el cielo, registrando cientos de millones de estrellas (Ricker et al., 2015). El volumen de datos es abrumador, y la identificación de candidatos planetarios depende cada vez más de algoritmos de aprendizaje automático que pueden filtrar el ruido y señalar los casos prometedores para un posterior seguimiento humano.

Pero los tránsitos no son el único método de detección donde la IA está dejando huella. La técnica de velocidades radiales, que detecta el movimiento de una estrella causado por el tirón gravitatorio de un planeta orbitante, también se está beneficiando del aprendizaje automático. Los datos de velocidad radial están contaminados por la propia actividad de las estrellas, que produce variaciones que pueden confundirse con planetas. Distintos modelos de aprendizaje profundo están aprendiendo a separar estas señales, distinguiendo el ruido estelar de las verdaderas huellas planetarias (Faria et al., 2022).

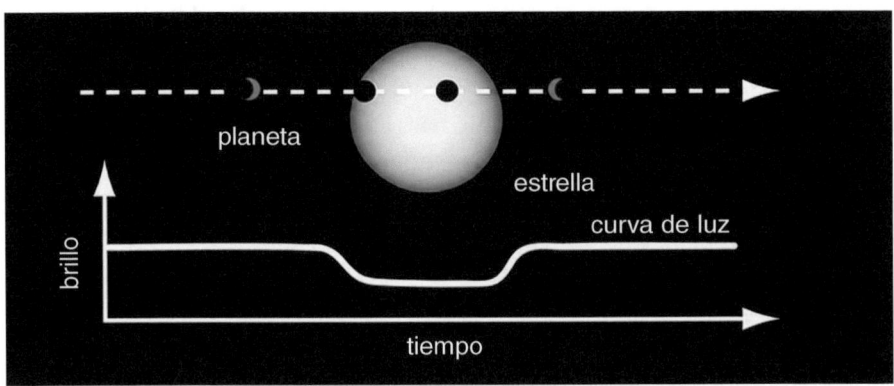

Figura 8.2.—Tránsitos de exoplanetas y detección asistida por IA.

Un planeta que cruza delante de su estrella produce una caída sutil en la curva de luz (brillo vs. tiempo). En los enormes volúmenes de datos de misiones como *Kepler* y *TESS*, los algoritmos de aprendizaje automático —en particular redes neuronales entrenadas con curvas de luz etiquetadas— aprenden a distinguir tránsitos genuinos de falsos positivos y a rescatar señales demasiado débiles para los métodos tradicionales.

Uno de los desarrollos más prometedores es el uso de IA para caracterizar las atmósferas de exoplanetas, clave para evaluar su habitabilidad. Cuando un planeta transita su estrella, parte de la luz estelar atraviesa la atmósfera planetaria, dejando huellas espectrales que revelan su composición química. Interpretar estos espectros, extremadamente débiles y ruidosos, es un desafío formidable. La continua sofisticación de los algoritmos de aprendizaje automático que se utilicen en este ámbito está comenzando a permitir la extracción de información de estos datos, identificando moléculas como agua, metano o dióxido de carbono que podrían indicar condiciones propicias para la vida (Márquez-Neila et al., 2018).

Eventos transitorios: capturando lo efímero del universo

El universo, a primera vista, puede parecer inmutable. Las constelaciones que vemos hoy son esencialmente las mismas que contemplaron nuestros antepasados hace milenios. Pero esta aparente quietud esconde una realidad mucho más dinámica. Las estrellas explotan como supernovas, liberando en segundos más energía que el Sol en toda su vida. Los agujeros negros devoran materia de estrellas compañeras, produciendo furiosos destellos de rayos X. Los núcleos galácticos distantes se encienden súbitamente cuando sus agujeros negros engullen materias de su entorno. Y, ocasionalmente, las colisiones cósmicas entre estrellas de neutrones envían ondulaciones a través del tejido mismo del espacio-tiempo.

Estos eventos transitorios son ventanas únicas a los procesos más extremos del cosmos. Pero capturarlos requiere estar mirando al lugar correcto en el momento preciso, un desafío que la astronomía tradicional apenas podía abordar. La nueva generación de telescopios de rastreo, que fotografían grandes porciones del cielo repetidamente, ha transformado esta situación, pero ha creado un problema nuevo: ¿cómo procesar millones de alertas diarias para identificar los eventos verdaderamente interesantes?

El Observatorio Vera C. Rubin, que describíamos al principio de este capítulo, puede generar aproximadamente 10 millones de alertas cada noche, correspondientes a objetos cuyo brillo ha cambiado significativamente desde la observación anterior (Bellm et al., 2019). La inmensa mayoría son variaciones rutinarias de estrellas variables conocidas, artefactos de los instrumentos o asteroides moviéndose a través del campo de visión. Pero enterrada en ese torrente de datos estará la ocasional supernova, el raro destello de una estrella siendo desgarrada por las fuerzas de marea, o quizá algo completamente inesperado. Encontrar estas agujas en el pajar cósmico es exactamente el tipo de problema para el que el aprendizaje automático está diseñado.

El proyecto ANTARES *(Arizona-NOAO Temporal Analysis and Response to Events System)*, desarrollado precisamente para el Vera C. Rubin Observatory, utiliza una combinación de algoritmos de clasificación para filtrar y priorizar alertas en tiempo real (Matheson et al., 2021). Cada alerta se procesa en segundos, se compara con catálogos de objetos conocidos, se clasifica según su probable naturaleza física y se enruta hacia los astrónomos más adecuados para su seguimiento. Este sistema de «broker» de alertas permite que los eventos más interesantes lleguen a los telescopios de seguimiento antes de que se desvanezcan.

Las supernovas, explosiones que marcan la muerte de estrellas masivas o la destrucción termonuclear de enanas blancas, son objetivos particularmente importantes. Son cruciales para medir distancias cósmicas, trazar la historia de la expansión del universo y entender la nucleosíntesis que creó elementos químicos más pesados que el hierro. Pero para maximizar su valor científico deben observarse lo antes posible después de la explosión, idealmente en las primeras horas o días. En este contexto, los algoritmos de clasificación fotométrica pueden identificar candidatos a supernova con alta fiabilidad usando solo imágenes, sin esperar los días o semanas que requiere obtener un espectro de confirmación (Muthukrishna et al., 2019).

Un tipo de evento transitorio particularmente difícil de captar son las llamadas «disrupciones de marea», que tienen lugar cuando una estrella se acerca demasiado a un agujero negro supermasivo y es destrozada por las fuerzas gravitatorias. Estos eventos son extremadamente raros, quizá uno por galaxia cada 10.000 años, pero, por su naturaleza, constituyen laboratorios únicos para estudiar la física de los agujeros negros en acción. Aquí, los modelos de aprendizaje automático entrenados con simulaciones y los escasos ejemplos observados están mejorando nuestra capacidad de identificar estos eventos entre el ruido de fondo de variabilidad galáctica (Van Velzen et al., 2021).

La era de la astronomía multicanal, inaugurada con la detección de ondas gravitacionales, añade otra capa de complejidad y oportunidad. Cuando los detectores LIGO y Virgo registran las ondulaciones causadas por la colisión de objetos compactos, los astrónomos de todo el mundo se lanzan a buscar la contrapartida electromagnética, la luz visible, rayos X o radio que podría acompañar al evento. La primera detección conjunta, que pasó a la historia con la etiqueta GW170817, reveló una kilonova, la explosión radiactiva que sigue a la fusión de dos estrellas de neutrones, confirmando que estos eventos son la fragua donde se crean oro, platino y otros elementos pesados (Abbott et al., 2017). La coordinación necesaria para estas observaciones de seguimiento requiere sistemas de clasificación y alerta extraordinariamente rápidos y fiables, en los que la IA nuevamente juega un papel cada vez más central.

Simulando el cosmos: IA como generadora de universos

Hasta ahora hemos visto cómo la IA ayuda a analizar observaciones del universo real. Pero hay otro frente donde los algoritmos están revolucionando la astronomía: la generación de universos sintéticos. Las simulaciones cosmológicas, que modelan la formación y evolución de estructuras a lo largo de miles de millones de años, son herramientas fundamentales para probar teorías e interpretar observaciones. Pero estas simulaciones son extraordinariamente costosas computacionalmente, requiriendo meses de tiempo en los mayores supercomputadores del mundo.

El problema fundamental es la disparidad de escalas. Para simular la formación de una galaxia con detalle suficiente hay que resolver la física del gas a escalas de años luz. Pero para entender cómo esa galaxia encaja en el contexto cósmico más amplio hay que simular volúmenes de cientos de millones de años luz de lado. Capturar ambas escalas simultáneamente con la física completa requeriría recursos computacionales que simplemente no existen. Los astrónomos se ven obligados a llegar a compromisos: simulaciones de alta resolución de pequeños volúmenes, o simulaciones de baja resolución de grandes volúmenes.

La IA ofrece un atajo prometedor. En lugar de simular cada interacción física desde primeros principios, se entrena un modelo para predecir el resultado final a partir de las condiciones iniciales. Este enfoque, conocido como «emulación», puede acelerar los cálculos en factores de millones mientras mantiene una precisión sorprendentemente alta.

El proyecto CAMELS (*Cosmology and Astrophysics with Machine Learning Simulations*) ha producido miles de simulaciones cosmológicas con parámetros variados, creando un conjunto de entrenamiento para los modelos de aprendizaje automático (Villaescusa-Navarro et al., 2021). A partir de estos datos, las redes neuronales han sido capaces de aprender a predecir cómo cambian las propiedades de las galaxias y la distribución de materia cuando se modifican parámetros como la fracción de materia oscura o la intensidad de la retroalimentación de supernovas. Esto permite explorar espacios de parámetros que serían inaccesibles con simulaciones convencionales.

Un desarrollo particularmente elegante es el uso de redes generativas para producir campos de densidad de materia oscura. La materia oscura, esa misteriosa sustancia que no emite luz pero cuya gravedad moldea la estructura del universo, forma una red cósmica de filamentos y nodos que actúa como un andamio para las galaxias. Simular esta estructura con métodos tradicionales requiere seguir la evolución de miles de millones de partículas durante la edad del universo. Los modelos generativos adversarios (GAN) y los modelos de difusión han demostrado que pueden generar estructuras prácticamente idénticas a las de las simulaciones completas, pero en una fracción del tiempo (Rodríguez et al., 2018).

Estas herramientas tienen aplicaciones inmediatas en la interpretación de datos observacionales. Las medidas de efecto de lente gravitacional débil —la ligera distorsión de las formas de galaxias lejanas causada por la masa interpuesta— son una herramienta poderosa para estudiar la distribución de materia oscura y la naturaleza de la energía oscura. Pero extraer información cosmológica de estas medidas requiere comparar las observaciones con predicciones teóricas para muchos modelos diferentes. Los simuladores rápidos basados en aprendizaje automático hacen viable este tipo de análisis, permitiendo explorar millones de modelos en el tiempo que antes se tardaba en evaluar unos pocos (McClintock et al., 2019).

Otra aplicación fascinante es la «superresolución»: usar aprendizaje profundo para añadir detalles a simulaciones de baja resolución. Una red neuronal entrenada con pares de simulaciones de alta y baja resolución aprende a predecir qué estructura fina debería existir dentro de las regiones borrosas de una simulación gruesa. Esto permite generar simulaciones efectivamente de alta resolución a una fracción del coste computacional (Li et al., 2021).

No obstante, la precaución es necesaria. Los modelos de aprendizaje automático solo pueden interpolar fiablemente dentro del espacio de entrenamiento; si la realidad contiene física que no está presente en las simulaciones de entrenamiento, el modelo puede fallar silenciosamente. La validación cuidadosa utilizando simulaciones de referencia y, sobre todo, observaciones reales es esencial antes de confiar en las predicciones de estos emuladores.

Muestras obtenidas con simulación directa

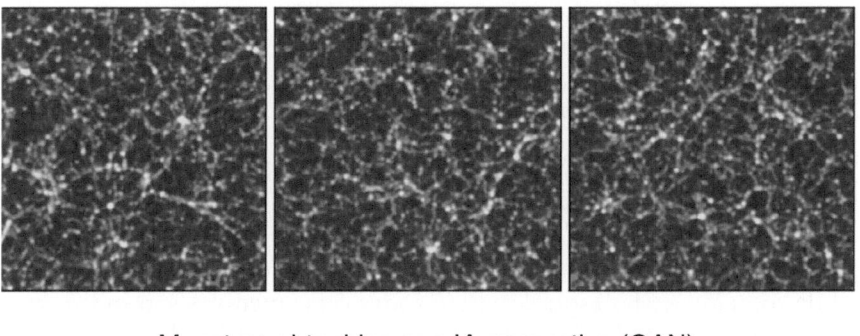

Muestras obtenidas con IA generativa (GAN)

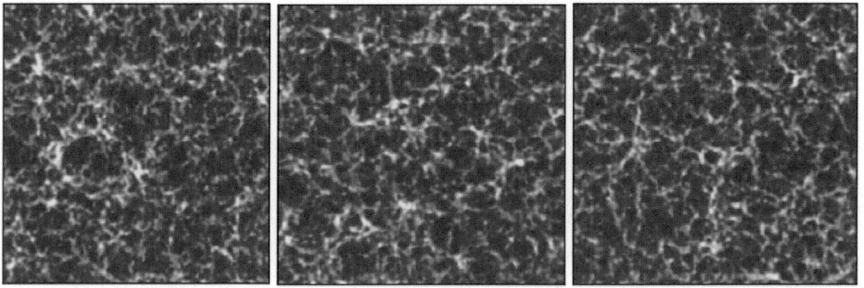

FUENTE: adaptado de Rodríguez et al. (2018), *Computational Astrophysics and Cosmology*. Licencia: Creative Commons Attribution 4.0 (CC BY 4.0).

Figura 8.3.—Cuando una IA «aprende» a simular el universo.

Comparación entre simulaciones de la red cósmica —la estructura filamentosa que forma la materia oscura en el universo— obtenidas mediante métodos tradicionales (arriba) y generadas por una red neuronal adversarial o GAN (abajo). Las imágenes representan cortes bidimensionales de regiones de 500 megapársecs. Resulta prácticamente imposible distinguir visualmente cuáles son las simulaciones «reales» y cuáles las generadas por IA, lo que demuestra la capacidad de estos modelos. La ventaja: mientras una simulación tradicional puede requerir horas o días de cómputo, la GAN genera cada nueva muestra en una fracción de segundo.

DESENTRAÑANDO LOS MISTERIOS OSCUROS: MATERIA Y ENERGÍA OSCURA

El modelo cosmológico estándar, conocido como Lambda-CDM, describe un universo dominado por componentes que nunca hemos detectado directamente: aproximadamente el 27% de la densidad de energía del cosmos está en forma de materia oscura, y otro 68% en la aún más misteriosa energía oscura (Planck Collaboration, 2020). Solo el 5% restante corresponde a la materia ordinaria de la que están hechos estrellas, planetas y nosotros mismos. Desentrañar la naturaleza de estos componentes oscuros es uno de los grandes desafíos de la física contemporánea, y la IA está abriendo nuevas vías de investigación.

La materia oscura se revela a través de su gravedad: curva la luz de galaxias lejanas, mantiene unidas a las galaxias en cúmulos y dicta la velocidad de rotación de las espirales. Pero todas estas medidas son indirectas, y la incertidumbre sobre su verdadera naturaleza persiste. ¿Es una partícula elemental masiva que interactúa débilmente? ¿Son agujeros negros primordiales formados en el Big Bang? ¿O quizá una modificación de la gravedad que elimina la necesidad de materia invisible?

Los algoritmos de aprendizaje automático están ayudando a discriminar entre estas posibilidades. Cada modelo de materia oscura predice estructuras ligeramente distintas a escalas pequeñas: la distribución de galaxias satélite alrededor de galaxias mayores, la densidad de los núcleos de halos de materia oscura, las fluctuaciones en campos de densidad... Estos efectos son sutiles y difíciles de medir, pero las redes neuronales entrenadas con simulaciones pueden aprender a distinguirlos (Villaescusa-Navarro et al., 2022).

Un enfoque particularmente prometedor utiliza el *lensing* gravitacional, la curvatura de la luz por campos gravitatorios, como sonda de la distribución de materia. Cuando una galaxia masiva se interpone entre nosotros y una fuente lejana actúa como una lente cósmica, se generan imágenes múltiples, arcos luminosos y anillos de Einstein. La configuración exacta de estas imágenes codifica información sobre cómo se distribuye la masa en la galaxia-lente, incluyendo su materia oscura. Las redes neuronales están demostrando ser extraordinariamente eficaces para resolver el problema inverso: reconstruir la distribución de masa a partir de las imágenes distorsionadas (Hezaveh et al., 2017).

La energía oscura presenta un desafío aún más profundo. Fue descubierta en 1988 mediante observaciones de supernovas distantes que revelaron que la expansión del universo se está acelerando (Riess et al., 1998; Perlmutter et al., 1999). Esta componente enigmática podría ser la constante cosmológica predicha por Einstein —una energía intrínseca del vacío, inmutable— o bien un campo dinámico que evoluciona con el tiempo. Distinguir entre estas posibilidades requiere medir con exquisita precisión cómo ha cambiado el ritmo de expansión cósmica a lo largo de la historia del universo.

Los grandes sondeos de galaxias del siglo XXI, como DESI *(Dark Energy Spectroscopic Instrument)*, miden las posiciones y velocidades de decenas de millones de galaxias (DESI Collaboration, 2016). El reto consiste en extraer los parámetros cosmológicos de esta avalancha de datos, separando la señal de interés del ruido astrofísico y los errores instrumentales: un problema de inferencia estadística de enorme complejidad. Las técnicas de IA —desde redes neuronales para comprimir información hasta emuladores que aceleran los cálculos estadísticos— están resultando cruciales para aprovechar todo el potencial de estas observaciones (Alsing et al., 2018).

EL RADIOUNIVERSO: ESCUCHANDO LAS SEÑALES DEL COSMOS

Hasta ahora nos hemos centrado principalmente en la astronomía óptica, la que observa luz visible. Pero el universo emite radiación en todo el espectro electromagnético, y la radioastronomía, que detecta ondas de radio —invisibles para nuestros ojos pero tremendamente informativas—, ofrece una ventana complementaria al cosmos, con sus propios desafíos y oportunidades para la IA.

Los radiotelescopios son fundamentalmente diferentes de sus primos los telescopios ópticos. En lugar de espejos que reflejan luz, utilizan antenas que captan ondas de radio, y en lugar de formar imágenes directamente, registran señales que deben procesarse computacionalmente para reconstruir el cielo. La técnica de síntesis de apertura, que combina señales de múltiples antenas separadas, permite alcanzar resoluciones que serían imposibles con una sola antena. Este proceso genera volúmenes de datos extraordinarios: el *Square Kilometre Array* producirá exabytes de datos al año, más que todo el tráfico de Internet actual.

Procesar este diluvio de información requiere algoritmos de una eficiencia sin precedentes. El LOFAR *(Low-Frequency Array)*, un precursor del *Square Kilometre Array* operativo en Europa, ha sido pionero en aplicar técnicas de aprendizaje automático a la radioastronomía. Las redes neuronales se utilizan para calibrar las señales, corrigiendo las distorsiones introducidas por la atmósfera y el instrumento (Shimwell et al., 2019). También se emplean para clasificar las fuentes detectadas, distinguiendo galaxias con núcleos activos de estrellas formándose, y para identificar señales espurias que podrían confundirse con señales astronómicas reales.

Una aplicación particularmente llamativa de la IA en radioastronomía es la búsqueda de señales de inteligencia extraterrestre (SETI). El proyecto

Breakthrough Listen, financiado por el multimillonario Yuri Milner, está escaneando millones de estrellas en busca de transmisiones artificiales (Worden et al., 2017). El desafío es distinguir una hipotética señal alienígena del ruido de fondo, que incluye no solo ruido cósmico natural sino también interferencia de origen humano: teléfonos móviles, satélites, radares... Los algoritmos de aprendizaje automático están siendo entrenados para filtrar estas fuentes de confusión, identificando señales con características que no pueden explicarse por fenómenos conocidos.

Aunque todavía no hemos detectado señales de civilizaciones extraterrestres, la IA ya ha contribuido a descubrimientos inesperados en SETI. En 2018, un algoritmo de aprendizaje automático aplicado a datos de Breakthrough Listen descubrió 72 nuevas ráfagas rápidas de radio (FRB) procedentes de una fuente misteriosa conocida como FRB 121102 (Zhang et al., 2018). Las FRB son destellos de radio extremadamente breves y energéticos cuyo origen sigue siendo debatido. El algoritmo, diseñado original-

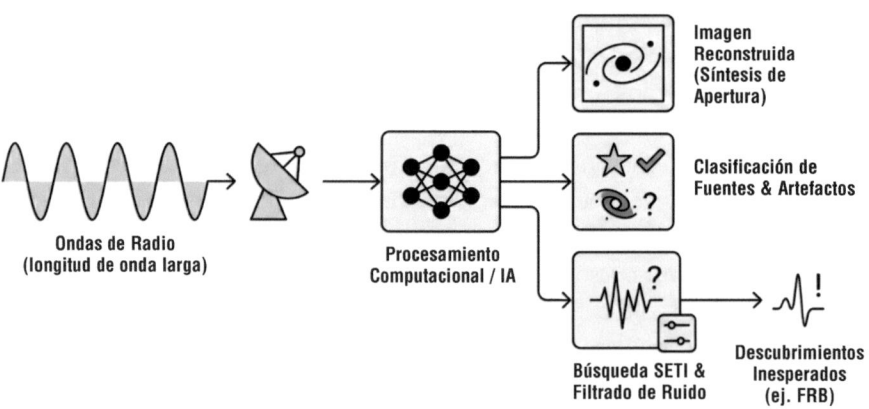

FUENTE: elaboración propia.

Figura 8.4.—El radiouniverso y el papel de la IA en la radioastronomía.

A diferencia de la astronomía óptica, los radiotelescopios no «toman una foto» directa del cielo: captan ondas de radio (de longitud de onda larga) y generan señales que deben transformarse en imágenes mediante procesamiento computacional (por ejemplo, síntesis de apertura). En ese flujo de datos, la IA se ha convertido en una pieza clave para reconstruir el cielo, clasificar fuentes reales frente a artefactos e interferencias y buscar señales débiles —desde candidatos SETI hasta de fenómenos transitorios como las ráfagas rápidas de radio (FRB)—, abriendo la puerta a descubrimientos inesperados en océanos de datos.

mente para buscar señales artificiales, demostró su versatilidad detectando un fenómeno astrofísico genuino que los métodos convencionales habían pasado por alto.

Democratizando el cosmos: IA al alcance de todos

Uno de los aspectos más transformadores de la revolución de la IA en astronomía es su potencial democratizador. Históricamente, la investigación astronómica de frontera requería acceso a los mayores telescopios del mundo, instalaciones concentradas en unos pocos lugares privilegiados y controladas por un número limitado de instituciones. Pero la combinación de archivos de datos públicos y de herramientas de IA accesibles está cambiando esta ecuación.

Los grandes sondeos astronómicos modernos operan bajo políticas de acceso abierto que ponen sus datos a disposición de cualquier investigador del mundo. El archivo del Sloan Digital Sky Survey ha sido descargado y utilizado por científicos de más de cien países (York et al., 2000). El catálogo de Gaia, la misión de la Agencia Espacial Europea que está cartografiando mil millones de estrellas de nuestra galaxia con precisión sin precedentes, está disponible para cualquiera con conexión a Internet (Gaia Collaboration, 2018). Y las imágenes del Hubble, tras un breve período de exclusividad para los investigadores que las propusieron, pasan a ser de dominio público.

Al mismo tiempo, las herramientas de aprendizaje automático se han vuelto extraordinariamente accesibles. Bibliotecas de código abierto, como TensorFlow, PyTorch y Scikit-learn, ponen algoritmos sofisticados al alcance de cualquiera con conocimientos básicos de programación. Tutoriales en línea y cursos masivos abiertos enseñan los fundamentos del aprendizaje profundo. Y plataformas de computación en la nube ofrecen acceso a GPUs potentes por precios razonables.

Esta combinación ha dado lugar a una proliferación de proyectos de ciencia ciudadana potenciada por IA. Galaxy Zoo sigue activo, pero ahora complementa la clasificación humana con modelos de aprendizaje automático que guían a los voluntarios hacia los objetos más interesantes. El proyecto Planet Hunters TESS permite que ciudadanos de todo el mundo busquen planetas en los datos del satélite, con algoritmos de IA seleccionando las curvas de luz más prometedoras para revisión humana (Eisner et al.,

2021). Asimismo, aficionados a la astronomía están entrenando sus propios modelos para detectar asteroides, clasificar variables estelares o buscar supernovas en imágenes de telescopios robóticos.

En España, el Centro de Astrobiología, asociado al CSIC y el INTA, está desarrollando herramientas de IA para la misión espacial europea PLATO, que buscará exoplanetas terrestres en las zonas habitables de estrellas similares al Sol. El Instituto de Astrofísica de Canarias, que gestiona los observatorios del Teide y del Roque de los Muchachos, está implementando sistemas de clasificación automática para sus instrumentos. Y universidades españolas, desde la Universidad Autónoma de Madrid, la Complutense de Madrid o la de Valencia, entre otras, están formando a la próxima generación de astrónomos en técnicas de aprendizaje automático.

Desafíos y precauciones: los límites de los ojos algorítmicos

Como toda herramienta poderosa, la IA aplicada a la astronomía presenta riesgos y limitaciones que deben reconocerse y abordarse. El entusiasmo legítimo no debe hacernos perder de vista sus puntos débiles. El sesgo en los datos de entrenamiento es una preocupación fundamental. Si un modelo se entrena principalmente con observaciones de galaxias brillantes y cercanas, puede fallar al aplicarse a objetos tenues y distantes. Si las clasificaciones de entrenamiento fueron realizadas por astrónomos con ciertos prejuicios teóricos, el modelo puede perpetuarlos. Un ejemplo ilustrativo: los primeros modelos de clasificación de galaxias entrenados con Galaxy Zoo heredaron la tendencia de los clasificadores humanos a identificar más espirales que giran en sentido antihorario, un efecto espurio debido a cómo se mostraban las imágenes y sin ningún significado físico (Land et al., 2008).

La interpretabilidad sigue siendo un desafío. Cuando una red neuronal profunda clasifica una galaxia o detecta un exoplaneta, puede ser difícil entender exactamente qué características de los datos están impulsando la decisión. Esto es problemático en ciencia, donde no solo queremos respuestas correctas sino también entender por qué son correctas. Las técnicas de explicabilidad, como los mapas de atención y los análisis de características, están ayudando, pero también en astronomía se manifiesta la tensión entre predicción y comprensión.

La sobredependencia de la IA también plantea riesgos. Si los astrónomos delegan completamente la clasificación y detección en algoritmos, pueden perder la intuición y el conocimiento profundo de los datos que históricamente han conducido a descubrimientos inesperados. La anomalía que un algoritmo descarta como ruido podría ser precisamente el fenómeno nuevo que revolucione nuestra comprensión. Mantener el ojo humano en el bucle, al menos como verificación, parece prudente.

El futuro: ojos algorítmicos para un universo antiguo

La convergencia entre astronomía e IA apenas está empezando a desplegar su potencial. Todo indica que nos encontramos al inicio de una transformación profunda, comparable —en su impacto— a la que desencadenaron el telescopio o el espectroscopio, pero con una diferencia clave: la IA no capta más señales del cosmos, sino que amplía nuestra capacidad de procesar, interpretar y decidir qué hacer con la avalancha de datos que ya estamos acumulando.

A corto plazo, veremos la integración plena de algoritmos de IA en los flujos de trabajo de los grandes observatorios. El Vera C. Rubin Observatory, con sus primeros datos científicos aportados en 2025, se ha convertido en el primer gran banco de pruebas de sistemas de clasificación y alerta verdaderamente autónomos. Si funciona como se espera, marcará el patrón para la siguiente generación de instalaciones: catálogos dinámicos, identificación automática de fenómenos interesantes y priorización casi instantánea de candidatos para seguimiento.

A medio plazo, la IA no solo detectará y clasificará: planificará. Podemos anticipar un «científico robótico» astronómico capaz de decidir qué objetos requieren espectroscopía, coordinar observaciones con distintos telescopios y ajustar su estrategia en tiempo real según lo que vaya encontrando. Algunos elementos de esta visión ya existen de forma parcial, pero la autonomía completa —una astronomía que se organiza sola, minuto a minuto— todavía está por llegar.

A largo plazo, la frontera entre el descubrimiento guiado por datos y el guiado por teoría podría volverse más difusa. Los modelos que hoy distinguen galaxias, detectan exoplanetas o identifican eventos transitorios podrían evolucionar hacia sistemas que generen hipótesis, propongan observaciones para contrastarlas, interpreten resultados y ayuden a refinar modelos físicos. La IA no reemplazaría a los astrónomos: multiplicaría su capacidad para explorar un espacio de posibilidades que es demasiado grande para la intuición humana.

Algunos visionarios van más allá y plantean una pregunta aún más ambiciosa: ¿podría la IA ayudarnos a descubrir leyes físicas nuevas escondidas en los datos astronómicos? En 2020, un enfoque de aprendizaje simbólico «redescubrió» las leyes de Newton a partir de datos de movimiento planetario (Udrescu y Tegmark, 2020). Si eso es posible para una física conocida, ¿qué pasaría si aplicamos ideas similares a los registros cosmológicos actuales, donde quizá se esconden pistas sobre la gravedad cuántica, la constante cosmológica o fenómenos todavía inimaginables?

Este horizonte ofrece oportunidades, pero también exige responsabilidad. La IA tiene el potencial de moldear no solo lo que vemos, sino lo que buscamos y cómo lo interpretamos. Por eso, los astrónomos del futuro no pueden convertirse en meros operadores de algoritmos: deben entender sus límites, vigilar sesgos, y conservar la mezcla de curiosidad y escepticismo que ha impulsado la ciencia desde Galileo. Hace cuatro siglos un telescopio rudimentario bastó para cambiar nuestra idea del cielo. Actualmente nuestros «ojos» son también algorítmicos, y con ellos afrontamos los grandes misterios pendientes: la materia y energía oscuras, el origen de la vida, el destino último del cosmos...

Pero el universo no solo se observa: se comprende a través de las matemáticas. Detrás de cada galaxia clasificada, cada exoplaneta detectado, cada simulación cosmológica, hay ecuaciones y teoremas que dan sentido a los datos. Y si la IA está revolucionando nuestra forma de observar el cosmos, no debería sorprendernos que también esté transformando las matemáticas mismas. En el próximo capítulo veremos cómo los algoritmos están comenzando a demostrar teoremas, generar conjeturas y asistir a los matemáticos de formas que habrían asombrado a Hilbert, Gödel y Turing.

Bibliografía

Abbott, B. P. et al. (2017). GW170817: Observation of gravitational waves from a binary neutron star inspiral. *Physical Review Letters*, 119(16), 161101.

Alsing, J., Wandelt, B. y Feeney, S. (2018). Massive optimal data compression and density estimation for scalable, likelihood-free inference in cosmology. *Monthly Notices of the Royal Astronomical Society*, 477(3), 2874-2885.

Baron, D. y Poznanski, D. (2017). The weirdest SDSS galaxies: results from an outlier detection algorithm. *Monthly Notices of the Royal Astronomical Society, 465*(4), 4530-4555.

Bellm, E. C. et al. (2019). The Zwicky Transient Facility: System overview, performance, and first results. *Publications of the Astronomical Society of the Pacific, 131*(995), 018002.

Borucki, W. J. et al. (2010). Kepler planet-detection mission: Introduction and first results. *Science, 327*(5968), 977-980.

DESI Collaboration (2016). *The DESI Experiment Part I: Science, targeting, and survey design.* arXiv:1611.00036.

Dewdney, P. E., Hall, P. J., Schilizzi, R. T. y Lazio, T. J. W. (2009). The Square Kilometre Array. *Proceedings of the IEEE, 97*(8), 1482-1496.

Dieleman, S., Willett, K. W. y Dambre, J. (2015). Rotation-invariant convolutional neural networks for galaxy morphology prediction. *Monthly Notices of the Royal Astronomical Society, 450*(2), 1441-1459.

Eisner, N. L. et al. (2021). Planet Hunters TESS II: Findings from the first two years of TESS. *Monthly Notices of the Royal Astronomical Society, 501*(4), 4669-4690.

Faria, J. P. et al. (2022). A spectroscopic search for stellar companions to red giants using neural networks. *Astronomy & Astrophysics, 658*, A115.

Gaia Collaboration (2018). Gaia Data Release 2: Summary of the contents and survey properties. *Astronomy & Astrophysics, 616*, A1.

Hezaveh, Y. D., Levasseur, L. P. y Marshall, P. J. (2017). Fast automated analysis of strong gravitational lenses with convolutional neural networks. *Nature, 548*(7669), 555-557.

Hubble, E. P. (1926). Extra-galactic nebulae. *The Astrophysical Journal, 64*, 321-369.

Huertas-Company, M. et al. (2018). Deep learning identifies high-z galaxies in a central blue nugget phase in a fraction of the CANDELS images. *The Astrophysical Journal, 858*(2), 114.

Ivezić, Ž. et al. (2019). LSST: From science drivers to reference design and anticipated data products. *The Astrophysical Journal, 873*(2), 111.

Land, K. et al. (2008). Galaxy Zoo: The large-scale spin statistics of spiral galaxies in the Sloan Digital Sky Survey. *Monthly Notices of the Royal Astronomical Society, 388*(4), 1686-1692.

Laureijs, R. et al. (2011). *Euclid definition study report.* arXiv:1110.3193.

Li, Y., Ni, Y., Croft, R. A. et al. (2021). AI-assisted superresolution cosmological simulations. *Proceedings of the National Academy of Sciences, 118*(19), e2022038118.

Lintott, C. J. et al. (2008). Galaxy Zoo: Morphologies derived from visual inspection of galaxies from the Sloan Digital Sky Survey. *Monthly Notices of the Royal Astronomical Society, 389*(3), 1179-1189.

Márquez-Neila, P., Fisher, C., Sznitman, R. y Heng, K. (2018). Supervised machine learning for analysing spectra of exoplanetary atmospheres. *Nature Astronomy, 2*(9), 719-724.

Matheson, T., Saha, A., Narayan, G., Wang, Z., Soraisam, M., Kececioglu, J., Snodgrass, R., Axelrod, T., Jenness, T., Ridgway, S., Seaman, R. y Zaidi, T. (2021). The ANTARES Astronomical Time-Domain Event Broker. *The Astronomical Journal, 161*(3), 107.

McClintock, T. et al. (2019). The Aemulus Project IV: Emulating halo bias. *The Astrophysical Journal, 872*(1), 53.

Muthukrishna, D. et al. (2019). RAPID: Early classification of explosive transients using deep learning. *Publications of the Astronomical Society of the Pacific, 131*(1005), 118002.

Pearson, W. J. et al. (2019). Identifying galaxy mergers in observations and simulations with deep learning. *Astronomy & Astrophysics, 626*, A49.

Perlmutter, S. et al. (1999). Measurements of Ω and Λ from 42 high-redshift supernovae. *The Astrophysical Journal, 517*(2), 565-586.

Planck Collaboration (2020). Planck 2018 results. VI. Cosmological parameters. *Astronomy & Astrophysics, 641*, A6.

Ricker, G. R. et al. (2015). Transiting Exoplanet Survey Satellite (TESS). *Journal of Astronomical Telescopes, Instruments, and Systems, 1*(1), 014003.

Riess, A. G. et al. (1998). Observational evidence from supernovas for an accelerating universe and a cosmological constant. *The Astronomical Journal, 116*(3), 1009-1038.

Rodríguez, A. C. et al. (2018). Fast cosmic web simulations with generative adversarial networks. *Computational Astrophysics and Cosmology, 5*(1), 4.

Shallue, C. J. y Vanderburg, A. (2018). Identifying exoplanets with deep learning: A five-planet resonant chain around Kepler-80 and an eighth planet around Kepler-90. *The Astronomical Journal, 155*(2), 94.

Shimwell, T. W. et al. (2019). The LOFAR Two-metre Sky Survey: II. First data release. *Astronomy & Astrophysics, 622*, A1.

Udrescu, S. M. y Tegmark, M. (2020). AI Feynman: A physics-inspired method for symbolic regression. *Science Advances, 6*(16), eaay2631.

Van Velzen, S. et al. (2021). Seventeen tidal disruption events from the first half of ZTF survey observations. *The Astrophysical Journal, 908*(1), 4.

Villaescusa-Navarro, F. et al. (2021). The CAMELS project: Cosmology and astrophysics with machine learning simulations. *The Astrophysical Journal, 915*(1), 71.

Villaescusa-Navarro, F. et al. (2022). *Robust marginalization of baryonic effects for cosmological inference at the field level.* arXiv:2109.10360.

Worden, S. P. et al. (2017). Breakthrough Listen: A new search for life in the universe. *Acta Astronautica, 139*, 98-101.

York, D. G. et al. (2000). The Sloan Digital Sky Survey: Technical summary. *The Astronomical Journal, 120*(3), 1579-1587.

Zhang, Y. G. et al. (2018). Fast radio burst 121102 pulse detection and periodicity: A machine learning approach. *The Astrophysical Journal, 866*(2), 149.

9

El teorema silencioso: cuando la IA demuestra lo que los matemáticos no pueden ver

> «Lo más incomprensible del universo es que sea comprensible.»
> ALBERT EINSTEIN

El sueño de la demostración automática

En el verano de 1900, el matemático alemán David Hilbert subió al estrado del Congreso Internacional de Matemáticos en París y pronunció unas palabras que cambiarían el curso de la historia intelectual. Aquella intervención se publicaría poco después y circularía como manifiesto de época: no era solo una lista de desafíos, sino una declaración de principios sobre qué podía aspirar a ser la matemática. Presentó una lista de 23 problemas que, en su opinión, marcarían la agenda matemática del siglo venidero. Pero más allá de los problemas específicos, Hilbert articuló una visión audaz: la posibilidad de formalizar completamente las matemáticas, reducir todo razonamiento válido a manipulaciones mecánicas de símbolos, y crear un sistema donde cualquier proposición verdadera pudiera, en principio, ser demostrada algorítmicamente (Hilbert, 1902). Era el sueño de la automatización del pensamiento matemático, un sueño que parecía al alcance de la mano en aquella época de optimismo científico ilimitado.

Este programa, conocido como el programa de Hilbert, aspiraba a demostrar tres propiedades fundamentales de las matemáticas. Primero, que eran consistentes; es decir, libres de contradicciones internas, de modo que nunca pudiera demostrarse simultáneamente una proposición y su negación. Segundo, que eran completas: toda proposición verdadera podía, en principio, demostrarse dentro del sistema. Tercero, que eran decidibles: existía un procedimiento mecánico, un algoritmo, capaz de determinar la verdad o falsedad de cualquier enunciado matemático bien formulado. De tener éxito, este programa habría reducido las matemáticas a cálculo puro, eliminando la necesidad de intuición, creatividad o genio. En esa visión, el matemático no desaparecía, pero quedaba relegado: la creatividad era un prólogo, y la máquina el tribunal final.

Tres décadas después ese sueño se hizo añicos de la manera más espectacular posible. En 1931, un joven lógico austríaco llamado Kurt Gödel publicó un artículo que revolucionó los fundamentos de las matemáticas. Sus teoremas de incompletitud demostraron que cualquier sistema formal lo suficientemente potente como para expresar la aritmética básica —las operaciones elementales con números enteros— contiene necesariamente proposiciones verdaderas que no pueden demostrarse dentro del propio sistema (Gödel, 1931). Más aún, tal sistema no puede demostrar su propia consistencia. Era un resultado devastador para el programa de Hilbert: las matemáticas contenían verdades que se escapaban de cualquier red formal que intentáramos tejer para atraparlas.

Cinco años más tarde, el matemático británico Alan Turing asestó otro golpe al sueño de Hilbert. En un artículo pionero que, de paso, sentó las bases teóricas de la computación moderna, Turing demostró que no existe un algoritmo general capaz de decidir si una proposición matemática arbitraria es demostrable o no (Turing, 1936). El problema de la decisión, el *Entscheidungsproblem* que Hilbert había planteado como desafío central, era irresoluble. No por falta de ingenio o de recursos computacionales, sino por razones matemáticas profundas e insuperables. Las matemáticas, al parecer, eran irreductiblemente creativas, resistentes a la mecanización completa. Algunos problemas, incluso bien formulados, no admitían solución algorítmica.

Y, sin embargo, casi un siglo después de estos resultados, aparentemente definitivos, algo extraordinario está sucediendo. Los sistemas de IA están comenzando a demostrar teoremas, descubrir conjeturas y asistir a matemáticos humanos de formas que habrían dejado atónitos tanto a Hilbert como a Gödel. No han refutado los teoremas de incompletitud, por supuesto —esos límites fundamentales permanecen tan sólidos como las rocas—. Pero están revelando que, dentro de esos límites, hay un amplio territorio inexplorado donde la colaboración entre inteligencia humana y artificial puede alcanzar alturas antes inimaginables. Las matemáticas, largo bastión del razonamiento puramente humano, están comenzando a sentir la influencia transformadora de la IA (Naskręcki y Ono, 2025).

Este capítulo cuenta la historia de esa revolución silenciosa. Exploraremos cómo los algoritmos de aprendizaje automático están transformando la práctica matemática, desde la verificación formal de demostraciones hasta el descubrimiento de nuevos teoremas, desde la resolución de problemas abiertos durante décadas hasta la generación de conjeturas que orientan la investigación futura. Es una historia que desafía nuestras intuiciones sobre la naturaleza de la creatividad matemática y que, al mismo tiempo, ilumina aspectos profundos de lo que significa razonar, demostrar y comprender.

DE «LOGIC THEORIST» A LOS ASISTENTES DE PRUEBAS MODERNOS

La historia de la demostración automática de teoremas es casi tan antigua como la propia computación electrónica. En 1956, apenas una década después de que los primeros ordenadores cobraran vida en los laboratorios de la Segunda Guerra Mundial, Allen Newell y Herbert Simon, junto con el programador Cliff Shaw, crearon *Logic Theorist*, un programa capaz de demostrar teoremas de lógica proposicional (Newell y Simon, 1956). Los *Principia Mathematica* de Whitehead y Russell —aquel monumental intento de fundamentar todas las matemáticas en la lógica pura— proporcionaron los axiomas de partida. Alimentado con ellos, Logic Theorist logró demostrar 38 de los primeros 52 teoremas de la obra. En un caso memorable, encontró una prueba más elegante y corta que la original publicada por los ilustres autores. Newell y Simon, entusiasmados por este logro sin precedentes, enviaron un artículo a una prestigiosa revista de lógica matemática listando al programa como coautor. Fue rechazado, siendo quizá el primer ejemplo documentado de sesgo académico contra la autoría de máquinas.

Aquellos primeros sistemas operaban mediante búsquedas exhaustivas y heurísticas simples: partiendo de los axiomas, aplicaban reglas de inferencia una tras otra, intentando alcanzar el teorema objetivo como exploradores que tantean caminos en un laberinto infinito. Era un enfoque de fuerza bruta que funcionaba razonablemente bien para problemas sencillos, pero que se ahogaba irremediablemente ante la explosión combinatoria de las matemáticas reales. Un teorema de álgebra abstracta, topología o teoría de números involucra definiciones sofisticadas, lemas auxiliares, construcciones ingeniosas y argumentos que se ramifican en múltiples direcciones. El espacio de posibles derivaciones es astronómicamente grande, mayor que el número de átomos en el universo observable. Por muy rápidos que sean los ordenadores, jamás podrán recorrer exhaustivamente esa inmensidad.

La solución a ese gran desafío no llegó como un golpe de fuerza, sino como un cambio de alianza. En vez de pedirle a la máquina que «sea matemática», se comenzó a pedirle que sea *meticulosa*. El siguiente gran salto conceptual vino con el desarrollo de los asistentes de pruebas interactivos, un paradigma radicalmente diferente donde el humano y la máquina colaboran en lugar de competir. En estos sistemas, el matemático humano guía la estrategia general de la demostración —decide qué lemas auxiliares demostrar primero, qué técnicas aplicar, cómo estructurar el argumento— mientras la máquina verifica rigurosamente cada paso y automatiza las partes más rutinarias y tediosas. Es como tener un asistente infinitamente paciente y absolutamente infalible que comprueba cada cálculo, cada aplicación de definiciones, cada invocación de teoremas previos.

Coq, desarrollado en Francia a partir de 1984 en el INRIA, cristalizó una idea especialmente fértil, la correspondencia de Curry-Howard: una demostración puede tratarse como un objeto tan verificable como un programa. Según esta correspondencia, demostrar un teorema es esencialmente lo mismo que escribir un programa de un cierto tipo: los tipos de datos corresponden a proposiciones, los programas corresponden a pruebas y la verificación de tipos corresponde a la verificación de demostraciones. Esta perspectiva unifica la lógica, las matemáticas y la informática de una manera especialmente elegante (Bertot y Castéran, 2004).

Isabelle, iniciado en Cambridge por Larry Paulson poco después, ofrecía un enfoque más flexible y pragmático que permitía trabajar en diferentes lógicas y sistemas formales. *HOL Light*, desarrollado por John Harrison, se especializaba en análisis matemático y había sido utilizado para verificar formalmente la demostración de la conjetura de Kepler sobre el empaquetamiento óptimo de esferas. Cada sistema tenía sus fortalezas y su comunidad de usuarios, pero todos compartían la misma visión fundamental: convertir la verificación de demostraciones en un proceso mecánico e infalible. En todos, el mensaje era el mismo: el rigor podía dejar de ser un ideal literario y convertirse en una propiedad ejecutable.

Más recientemente, *Lean,* creado por Leonardo de Moura en Microsoft Research en 2013, ha emergido como el asistente de pruebas preferido por una nueva generación de matemáticos interesados en la formalización (De Moura et al., 2015). Su diseño moderno, su sintaxis relativamente accesible y sobre todo su comunidad extraordinariamente activa y acogedora han catalizado un movimiento de formalización matemática sin precedentes. Como veremos más adelante, Lean y su biblioteca matemática *Mathlib* están en el centro de muchos de los desarrollos más fascinantes de la intersección de IA y matemáticas.

Todos estos sistemas han producido resultados espectaculares que habrían parecido ciencia ficción hace medio siglo. En 2005, Georges Gonthier y su equipo en Microsoft Research Cambridge completaron una verificación formal del denominado «teorema de los cuatro colores» en Coq (Gonthier, 2008). Este famoso teorema, que afirma que cualquier mapa puede colorearse con solo cuatro colores, de manera que regiones adyacentes tengan colores diferentes, había sido demostrado originalmente en 1976 por Appel y Haken mediante una exhaustiva verificación computacional de casi 2.000 configuraciones especiales. Aquella prueba original había sido controvertida: ¿podía considerarse una verdadera demostración matemática algo que ningún ser humano podía verificar en su totalidad? La nueva prueba de Gonthier, aunque también asistida por ordenador, estaba completamente formalizada en un sistema cuya corrección podía verificarse independientemente. El teorema pasaba de ser «probablemente verdadero porque un ordenador lo dice» a «ciertamente verdadero porque la demostración está matemáticamente verificada hasta sus fundamentos».

En 2013, el mismo Gonthier culminó una hazaña aún más impresionante: la formalización completa del teorema de Feit-Thompson, también conocido como el teorema del orden impar (Gonthier et al., 2013). Este resultado, que afirma que todo grupo finito de orden impar es resoluble, había sido demostrado originalmente en 1963 en un artículo de 255 páginas densamente técnicas. Es uno de los pilares de la clasificación de grupos simples finitos, considerada uno de los mayores logros de las matemáticas del siglo XX. La formalización requirió desarrollar inmensas bibliotecas de álgebra abstracta y teoría de grupos, y el proyecto involucró a un equipo internacional durante más de seis años.

Pero estos logros monumentales, impresionantes como son, requerían un esfuerzo humano enorme. Formalizar una demostración existente en un asistente de pruebas puede llevar meses o incluso años de trabajo altamente especializado. El cuello de botella no era la verificación —eso la máquina lo hace instantáneamente—, sino la traducción del razonamiento matemático informal, tal como aparece en artículos y libros, al lenguaje extraordinariamente riguroso y explícito que el ordenador puede procesar.

Los matemáticos escriben «es obvio que...» o «por un argumento estándar...», atajos retóricos que esconden decenas de pasos que deben hacerse
completamente explícitos en una formalización. Era como disponer de un
verificador perfecto, pero pagando el precio de explicitar, sin atajos, todo
aquello que en un seminario se resuelve con un gesto de la mano.

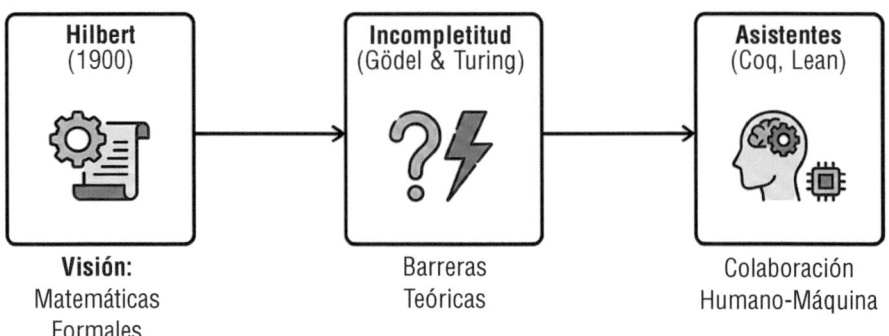

FUENTE: elaboración propia.

Figura 9.1.—Del sueño de la formalización a la colaboración humano-
máquina.

Evolución conceptual de los inicios de la demostración matemática automática en
tres etapas. *Izquierda:* el programa de Hilbert (1900) aspiraba a reducir todas las matemáticas a manipulaciones mecánicas de símbolos en un sistema formal completo y decidible. *Centro:* los teoremas de incompletitud de Gödel (1931) y la demostración de in-
decidibilidad de Turing (1936) establecieron límites fundamentales e insuperables a
esta visión, mostrando que ningún sistema formal puede capturar todas las verdades
matemáticas. *Derecha:* los asistentes de pruebas modernos como Coq y Lean reinter-
pretan el sueño original como colaboración simbiótica, donde el humano aporta intuición y estrategia mientras la máquina garantiza rigor y verificación infalible.

LEAN Y LA REVOLUCIÓN DE LA MATEMÁTICA FORMALIZADA

La biblioteca *Mathlib*, el repositorio central de matemáticas formalizadas en Lean, es quizá el mejor termómetro del fenómeno. A finales de 2024,
contenía más de un millón de líneas de código formal que codifican rigurosamente resultados desde álgebra elemental hasta teoría de categorías
avanzada, desde análisis real clásico hasta geometría algebraica moderna,

desde teoría de la medida hasta topología algebraica (Mathlib Community, 2020). En la práctica, se ha convertido en una de las formalizaciones más amplias y coherentes del conocimiento matemático jamás reunidas en un único sistema, y además en continuo crecimiento.

Un logro particularmente impresionante en este contexto fue la formalización del «experimento del tensor líquido», un teorema extraordinariamente técnico propuesto como desafío por el medallista Fields Peter Scholze. Scholze, uno de los matemáticos más brillantes de su generación, había desarrollado una teoría revolucionaria de espacios «condensados» que unificaba diferentes áreas del álgebra y el análisis. Pero las pruebas eran tan complicadas y técnicas que el propio Scholze no estaba completamente seguro de su corrección. Un esfuerzo coordinado de la comunidad de Lean logró formalizar completamente el resultado, verificando cada paso desde los axiomas fundamentales (Scholze et al., 2022). Este logro demostró que las herramientas de formalización son capaces de manejar matemáticas del calibre más alto.

En diciembre de 2023, el matemático Terence Tao, también medallista Fields y uno de los investigadores más prolíficos y respetados de nuestra era, anunció la formalización en Lean de un resultado reciente de su propia investigación sobre la conjetura de Siegel en teoría analítica de números (Tao, 2023). Lo extraordinario no fue solo el logro técnico, impresionante en sí mismo, sino lo que Tao reveló sobre el proceso. La disciplina de formalizar le había ayudado a encontrar y corregir pequeños errores y ambigüedades en su razonamiento original que habían pasado desapercibidos en la revisión tradicional por pares. Además, la comunidad global de usuarios de Lean había contribuido colectivamente a completar partes de la prueba, con personas de diferentes continentes trabajando asíncronamente en piezas del rompecabezas. Estamos inmersos en una era matemática, como esfuerzo colaborativo distribuido a escala planetaria, con la máquina como árbitro incorruptible de la corrección.

Pero la formalización no es solo verificación retrospectiva de resultados ya conocidos; es también una forma de representación que hace las matemáticas accesibles a los algoritmos de aprendizaje automático de maneras completamente nuevas. Un teorema formalizado en Lean no es simplemente una afirmación verdadera; es un objeto estructurado con tipos, dependencias y conexiones explícitas, que puede procesarse, analizarse y utilizarse como dato de entrenamiento. El proyecto LeanDojo, desarrollado por investigadores de Caltech, proporciona herramientas sofisticadas para extraer datos de Mathlib y entrenar modelos de lenguaje específicamente optimizados para la demostración de teoremas (Yang et al., 2023).

Los modelos entrenados con estos datos formalizados muestran capacidades impresionantes. Pueden completar demostraciones parciales, sugiriendo los pasos que faltan. Pueden proponer tácticas apropiadas para diferentes tipos de objetivos matemáticos, como un maestro que sugiere qué herramienta usar ante cada problema. Y en algunos casos, encuentran pruebas completas de lemas que los humanos habían considerado demasiado tediosos o rutinarios para ser demostrados explícitamente. No son todavía capaces de abordar de forma autónoma problemas de investigación que permanecen sin resolver, pero están acelerando significativamente el trabajo de formalización, reduciendo lo que antes llevaba meses de trabajo especializado a apenas semanas. Una vez que las matemáticas están formalizadas, no solo se verifican: también pueden *entrenar* modelos de aprendizaje automático. Pero una cosa es que estos modelos completen pasos rutinarios en demostraciones parciales, y otra muy distinta que resuelvan problemas genuinamente difíciles desde cero. ¿Pueden estos sistemas enfrentarse a los desafíos que ponen a prueba a los mejores matemáticos humanos?

El aprendizaje profundo entra en escena

La irrupción del aprendizaje profundo ha cambiado radicalmente el panorama de la demostración automática. Los modelos de lenguaje de gran tamaño, entrenados con cantidades ingentes de texto matemático —desde libros de texto universitarios hasta artículos de investigación de frontera, pasando por discusiones en foros especializados y repositorios de código— están aprendiendo a «hablar» el idioma de las matemáticas de formas sorprendentemente sofisticadas. No solo pueden generar texto que parece superficialmente matemático, sino que están comenzando a capturar patrones profundos de razonamiento que resultan genuinamente útiles para la demostración de teoremas.

El proyecto AlphaProof de DeepMind, presentado en 2024, marcó un hito histórico en esta dirección. Combinando un modelo de lenguaje preentrenado con técnicas de aprendizaje por refuerzo similares a las que habían conquistado el ajedrez y el Go, AlphaProof logró resolver problemas de olimpiada matemática con un rendimiento comparable al de medallistas de plata humanos (AlphaProof Team, 2024). Lo extraordinario no fue solo resolver los problemas, sino cómo los resolvió. En varios casos, encontró caminos hacia la solución que los expertos humanos describieron como creativos e inesperados, enfoques que no estaban en el repertorio estándar de las técnicas de competición.

El sistema funciona mediante un proceso iterativo de generación y verificación que recuerda al método científico. El modelo de lenguaje propone pasos de demostración, sugiriendo qué técnica aplicar, qué lema auxiliar demostrar o qué construcción intentar. Un verificador formal basado en Lean comprueba instantáneamente la validez lógica de cada paso propuesto, rechazando los incorrectos y confirmando los válidos. Los resultados de esta verificación retroalimentan el entrenamiento del modelo de lenguaje, que aprende gradualmente qué tipos de pasos conducen a demostraciones exitosas y cuáles son callejones sin salida. Es un ciclo virtuoso donde la creatividad generativa del modelo de lenguaje se combina con el rigor del verificador formal, cada uno compensando las debilidades del otro.

Solo un año después, el verano de 2025 marcó un hito que habría parecido imposible apenas una década antes. Varios sistemas de IA avanzados —Aristotle de Harmonic, un modelo GPT no revelado de OpenAI, y Gemini de Google DeepMind— lograron rendimientos de nivel medalla de oro en la Olimpiada Internacional de Matemáticas (IMO) (Naskręcki y Ono, 2025). Ganar una medalla en la IMO significa capacidad excepcional de resolución de problemas; los participantes humanos que lo logran suelen convertirse en matemáticos profesionales destacados. Que las máquinas hayan alcanzado este nivel desafía la noción de que los niveles más altos de resolución matemática de problemas son dominio exclusivo de los humanos.

Sin embargo, los problemas de competición difieren fundamentalmente de las matemáticas de investigación, donde la innovación y las ideas genuinamente nuevas son cruciales. Los problemas de olimpiada, por difíciles que sean, tienen soluciones conocidas y están diseñados para ser resolubles con técnicas establecidas combinadas ingeniosamente. La investigación matemática real requiere formular nuevas preguntas, desarrollar nuevos conceptos y crear nuevas teorías. ¿Puede la IA contribuir también a este nivel más profundo de creatividad matemática? En las siguientes secciones seguiremos explorando esta cuestión en detalle.

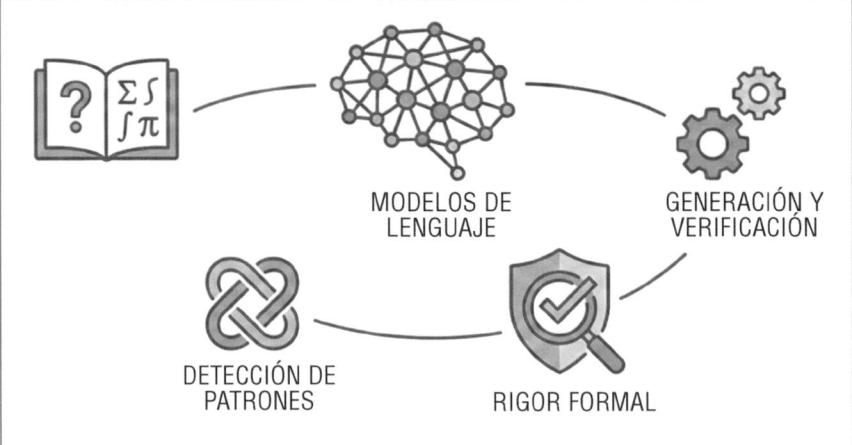

Fuente: https://commons.wikimedia.org/wiki/File%3AIMO_2015_closing_ceremony.jpg. Licencia CC BY-SA 4.0 @Z3144228. Diagrama: elaboración propia.

Figura 9.2.—De la excelencia humana a la competencia algorítmica.

Arriba: ceremonia de entrega de premios de la 56ª Olimpiada Internacional de Matemáticas (Chiang Mai, 2015), la competición que durante décadas representó el pináculo de la resolución de problemas matemáticos como dominio exclusivamente humano. Abajo: arquitectura conceptual de los sistemas que han desafiado esa exclusividad. A partir de un problema matemático, los modelos de lenguaje proponen pasos de demostración; un verificador formal garantiza el rigor lógico; el ciclo iterativo de generación y verificación explora el espacio de pruebas posibles; y la detección de patrones revela conexiones invisibles a la intuición humana. En 2024, AlphaProof alcanzó nivel de medalla de plata en la IMO; en 2025, varios sistemas lograron nivel de medalla de oro.

CONJETURAS GENERADAS POR MÁQUINAS: LA MÁQUINA DE RAMANUJAN

Srinivasa Ramanujan, el matemático autodidacta indio que deslumbró a la élite matemática de Cambridge a principios del siglo XX, tenía una capacidad casi sobrenatural para intuir fórmulas matemáticas de profundidad extraordinaria. Nacido en una familia humilde en el sur de la India, sin acceso a educación matemática formal avanzada, Ramanujan llenó cuadernos con identidades y fórmulas que parecían surgidas de otro mundo: conexiones entre funciones que nadie había sospechado, expresiones para constantes matemáticas de una elegancia misteriosa y perturbadora, series infinitas que convergían a valores conocidos por caminos completamente inesperados...

Cuando su colaborador británico G. H. Hardy, uno de los matemáticos más rigurosos de su generación, le preguntó de dónde venían estas fórmulas asombrosas, Ramanujan respondió que se las dictaba la diosa Namagiri en sueños (Kanigel, 1991). Hardy, racionalista convencido, no tenía mejor explicación. Las fórmulas simplemente estaban ahí, correctas y profundas, sin que Ramanujan pudiera articular el proceso mental que las había producido. Cuando Ramanujan murió prematuramente a los 32 años, dejó tras de sí cuadernos llenos de afirmaciones sin demostrar que los matemáticos han tardado décadas en verificar y comprender.

Un siglo después de Ramanujan, un equipo de investigadores del Instituto Technion de Israel se propuso crear una «máquina de Ramanujan»: un sistema de IA capaz de generar conjeturas matemáticas sobre constantes fundamentales como pi (π), el número de Euler (e) o la constante de Catalan. El enfoque era conceptualmente simple pero computacionalmente ambicioso: generar millones de expresiones matemáticas combinando operaciones aritméticas, fracciones continuas, sumas infinitas y productos; después, evaluar esas expresiones numéricamente con aritmética de precisión arbitraria hasta cientos de dígitos decimales; y, finalmente, buscar aquellas cuyo valor numérico coincidiera con constantes conocidas más allá de lo que podría explicarse por casualidad (Raayoni et al., 2021).

Los resultados superaron ampliamente las expectativas iniciales del equipo. La máquina redescubrió fórmulas conocidas de Ramanujan y otros matemáticos clásicos como Euler, Gauss y Jacobi, validando que el enfoque podía encontrar agujas en pajares matemáticos. Pero también generó docenas de fórmulas completamente nuevas, expresiones para constantes fundamentales que no aparecían en ninguna literatura matemática previa. Algunas de estas conjeturas fueron posteriormente demostradas rigurosamente por matemáticos humanos, confirmando que la máquina había descubierto verdades genuinas. Otras permanecen como conjeturas abiertas, verdaderas hasta los límites de la precisión numérica disponible, pero sin una prueba formal que las respalde.

Una de las conjeturas más interesantes generadas por el sistema relaciona el número de Euler con una fracción continua infinita de estructura regular, pero previamente completamente desconocida. La fórmula se verifica numéricamente hasta cientos de dígitos decimales, una coincidencia estadísticamente imposible si fuera casual. Pero su demostración analítica ha resultado inalcanzable hasta ahora, resistiendo los esfuerzos de matemáticos expertos en el área. Es un recordatorio poderoso de que, en matemáticas, encontrar una afirmación verdadera es solo el primer paso; entender *por qué* es verdadera, cuál es la estructura subyacente que la explica y la conecta con el resto del conocimiento matemático, es el verdadero corazón del problema.

Este tipo de generación automática de conjeturas ilustra un modo de colaboración humano-máquina particularmente fructífero para el futuro de las matemáticas. La IA explora un espacio de posibilidades matemáticas demasiado grande para la búsqueda humana sistemática, identificando candidatos prometedores que merecen atención. El matemático humano aporta la comprensión estructural y conceptual necesaria para demostrar o refutar esos candidatos, y para integrar los resultados positivos en el edificio más amplio del conocimiento matemático. Ninguno podría hacer eficazmente el trabajo del otro, pero juntos alcanzan territorios que permanecerían inaccesibles por separado.

TEORÍA DE NÚMEROS: DONDE LA INTUICIÓN COMPUTACIONAL BRILLA

Si la máquina de Ramanujan busca fórmulas para constantes fundamentales, la teoría de números ofrece un territorio aún mayor para la exploración computacional. Esta rama de las matemáticas, dedicada al estudio de los números enteros, es quizá donde la interacción entre el cálculo extensivo y la intuición teórica ha sido históricamente más fructífera. Desde Euler, que calculaba incansablemente buscando patrones, hasta Ramanujan, cuyas intuiciones numéricas desafiaban toda explicación, los grandes teóricos de números han usado la computación como fuente de conjeturas que luego demostraban —o intentaban demostrar— rigurosamente.

Los números primos, piedra angular de toda la teoría, ejemplifican esta dualidad entre lo computable y lo misterioso. Sabemos desde Euclides, hace más de dos milenios, que hay infinitos números primos. Pero su distribución exacta a lo largo de la recta numérica sigue siendo uno de los misterios más profundos de las matemáticas. ¿Cuántos primos hay menores que un millón? ¿Cuántos menores que un billón? El teorema de los números primos, demostrado a finales del siglo XIX, da una respuesta que mejora a medida que consideramos números más grandes. Pero la precisión exacta de esa aproximación está íntimamente ligada a la hipótesis de Riemann.

La hipótesis de Riemann, formulada por Bernhard Riemann en 1859, conjetura una regularidad profunda en el comportamiento de cierta función matemática —la función zeta— que actúa como un mapa codificado de los números primos. Si es verdadera, implicaría que los números primos se distribuyen de la manera más «regular» posible, sin desviaciones inesperadas. Es uno de los siete problemas del milenio, con un premio de un millón de dólares para quien la demuestre o refute (Bombieri, 2000). Después de más de 160 años, dicha hipótesis sigue abierta.

La IA no va a demostrar la hipótesis de Riemann, al menos no de manera directa o en un futuro previsible. Pero está aportando nuevas perspectivas y herramientas para explorar el paisaje de las funciones L, una familia de funciones emparentadas con la de Riemann que codifican información aritmética de maneras diversas. Diversos investigadores han entrenado modelos para predecir propiedades de estas funciones, identificar patrones en sus ceros y detectar anomalías que podrían señalar fenómenos matemáticos interesantes (He et al., 2022).

Las formas modulares son funciones con propiedades de simetría extraordinariamente restrictivas. Aparecen en contextos aparentemente dispares: desde la demostración del último teorema de Fermat por Andrew Wiles hasta la física teórica de cuerdas y la teoría cuántica de campos. Sus coeficientes —los números que las describen cuando se descomponen en piezas más simples— codifican información aritmética profunda.

Calcular estos coeficientes con alta precisión es computacionalmente costoso, y predecir sus propiedades estadísticas es un problema abierto de gran interés. Varios modelos de aprendizaje automático están explorando si pueden detectar patrones en estos coeficientes, predecir aproximadamente su tamaño o identificar formas modulares con propiedades especiales entre las infinitas posibilidades (Alessandretti et al., 2023). No han revolucionado el campo todavía, pero están abriendo nuevas líneas de investigación que los métodos tradicionales no habían explorado. Estos enfoques basados en detectar patrones y generar conjeturas representan una cara de la moneda. Pero, como veremos a continuación, la IA también puede contribuir de otra manera: construyendo directamente objetos matemáticos y algoritmos que resuelvan problemas abiertos.

FUNSEARCH, ALPHAEVOLVE Y LA BÚSQUEDA PROGRAMÁTICA DE SOLUCIONES

En paralelo a la prueba formal, ha emergido otra estrategia: ¿y si, en lugar de razonar hacia una solución, generamos miles de construcciones matemáticas y nos quedamos solo con las que funcionan? FunSearch, presentado por DeepMind en 2023, encarna esta filosofía (Romera-Paredes et al., 2024). El sistema combina un modelo de lenguaje grande que genera código ejecutable —funciones escritas en código ejecutable que construyen objetos matemáticos siguiendo reglas específicas— con un evaluador automático que mide objetivamente la calidad de las construcciones según el criterio matemático relevante.

FunSearch encontró mejoras en varios problemas combinatorios clásicos que habían resistido décadas de esfuerzo humano. En el problema del «cap set», que busca colocar el mayor número posible de puntos en un espacio sin que tres de ellos queden nunca alineados, el sistema encontró soluciones que superaban los mejores ejemplos conocidos. En el problema del «bin packing», que busca empaquetar objetos de diferentes tamaños en contenedores minimizando el espacio desperdiciado, descubrió estrategias que mejoraban los algoritmos existentes. Lo más fascinante de FunSearch es cómo aprende y mejora. Las mejores construcciones encontradas se incorporan al contexto del modelo de lenguaje como ejemplos a imitar, superar y generalizar. El sistema analiza qué hace que estas construcciones sean buenas y busca patrones que pueda explotar para encontrar otras aún mejores. Es una forma de búsqueda evolutiva donde cada generación de soluciones informa a la siguiente en un proceso de refinamiento continuo.

Las construcciones que FunSearch descubre tienen estructuras que los matemáticos humanos describen como «no obvias» e «inesperadas». Son patrones que nadie habría pensado explorar, combinaciones de ideas que no estaban en el repertorio estándar de técnicas. En algunos casos, los expertos pueden analizar retrospectivamente por qué funcionan; en otros, la explicación sigue siendo misteriosa, un recordatorio de que la verificación de que algo funciona puede preceder a la comprensión de por qué funciona.

AlphaEvolve, otro sistema de DeepMind, combina modelos de lenguaje con un proceso de evolución artificial para descubrir nuevos algoritmos (Fawzi et al., 2022). AlphaTensor, una variante especializada, descubrió algoritmos más eficientes para la multiplicación de matrices, una operación fundamental que subyace a casi todo el aprendizaje automático moderno. Los algoritmos descubiertos no eran simplemente optimizaciones incrementales de métodos conocidos; eran genuinamente nuevos, con estructuras que los investigadores humanos no habían anticipado.

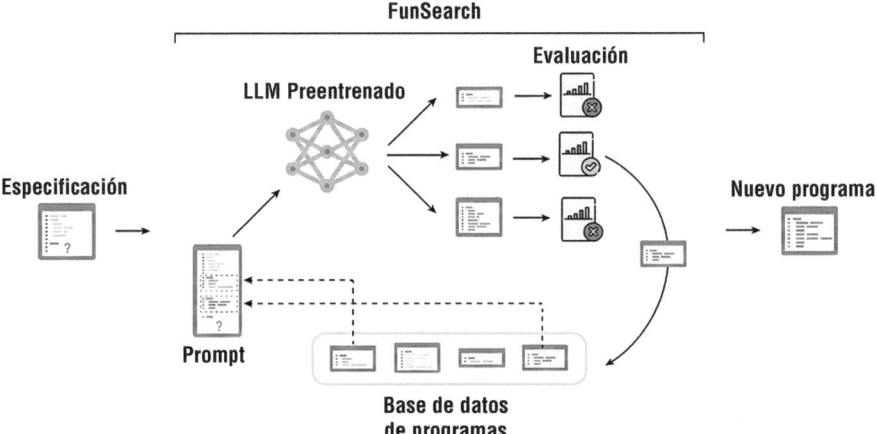

Fuente: adaptado de Romera-Paredes et al. (2024), *Nature,* bajo licencia CC-BY 4.0

Figura 9.3.—Cómo FunSearch descubre soluciones que los humanos no habían encontrado.

El sistema funciona como un ciclo de prueba y mejora continua. Primero, el usuario describe el problema y cómo evaluar si una solución es buena. Después, un LLM (modelo de lenguaje grande) preentrenado propone múltiples programas candidatos, como un estudiante creativo que ofrece distintas ideas para resolver un ejercicio. Un evaluador automático actúa como profesor implacable: ejecuta cada propuesta, descarta las incorrectas y puntúa las válidas según su calidad. Las mejores soluciones se guardan en una base de datos y se incorporan al aprendizaje del LLM como ejemplos a superar en la siguiente ronda. Este ciclo se repite miles de veces, y cada generación aprende de los éxitos anteriores. Mediante este proceso, FunSearch logró descubrir construcciones matemáticas que superaban récords establecidos durante décadas.

Estos sistemas ilustran una tendencia importante: la IA matemática no se limita a demostrar teoremas existentes o verificar pruebas humanas. Está comenzando a contribuir activamente al descubrimiento, encontrando objetos matemáticos, algoritmos y estructuras que amplían el repertorio de lo conocido. Aunque estas herramientas han automatizado tareas que antes se creía requerían intuición humana, los problemas que han abordado son generalmente resolubles mediante búsqueda inteligente, pero carecen de la intuición creativa y la abstracción esperadas en matemáticas puras avanzadas.

Geometría, topología y nudos: cuando la IA señala dónde mirar

Los métodos que hemos explorado —generación de conjeturas, búsqueda programática, detección de patrones— convergen de manera ejemplar en un campo inesperado: la teoría de nudos. Las matemáticas abstractas frecuentemente involucran relaciones entre cantidades que, aunque definibles con precisión, son demasiado numerosas y complejas para que la intuición humana las abarque. La IA puede navegar esos espacios de posibilidades donde nosotros nos perdemos.

La teoría de nudos ofrece un terreno particularmente fértil para la aplicación de la IA. Un nudo matemático es, informalmente, una cuerda cerrada en el espacio tridimensional: imagina un cordón de zapato cuyos extremos se han pegado después de anudarlo de alguna manera. Dos nudos se consideran equivalentes si uno puede deformarse continuamente en el otro sin cortarlo ni atravesarse a sí mismo. La pregunta fundamental de la teoría es: ¿cómo saber si dos nudos son equivalentes o diferentes? La respuesta viene en forma de «invariantes»: cantidades numéricas, polinomios o estructuras algebraicas que permanecen constantes cuando un nudo se deforma. Si dos nudos tienen invariantes diferentes, no pueden ser equivalentes. Existen docenas de invariantes conocidos: cada uno captura algún aspecto de la estructura del nudo desde una perspectiva diferente. Pero ninguno es «completo»: existen nudos genuinamente diferentes que comparten todos los invariantes conocidos.

Entender las relaciones entre estos diferentes invariantes —qué información comparten, qué información es independiente, cómo se pueden calcular unos a partir de otros— es un problema central de la teoría de nudos. Y es aquí donde la IA ha hecho contribuciones sorprendentes. Davies, junto a sus coautores (Davies et al., 2021), ejemplifica de manera paradigmática este enfoque. Estos autores entrenaron un modelo de aprendizaje automático para predecir una propiedad algebraica del nudo a partir de otros invariantes más fáciles de calcular. Cuando el modelo logró predicciones muy precisas, era una señal fuerte de que existía una relación matemática subyacente esperando a ser descubierta. Analizando cuidadosamente qué características del nudo utilizaba el modelo para hacer sus predicciones, los matemáticos del equipo fueron capaces de formular una conjetura precisa y, posteriormente, demostrarla rigurosamente. El teorema resultante establece una conexión inesperada entre propiedades algebraicas y geométricas del nudo. Era una conexión que no estaba en la literatura previa, una relación entre cantidades que los expertos no habían sospechado que estuvieran relacionadas. La IA no demostró el teorema, pero identificó dónde buscar, actuando como un detector de señales en un océano de datos donde la intuición humana se pierde. Este enfoque, que los autores denominaron «matemáticas guiadas por aprendizaje automático», no reemplaza el razonamiento matemático tradicional, sino que lo orienta y lo potencia. La IA detecta correlaciones en datos que serían invisibles para la intuición humana; el matemático interpreta esas correlaciones, las formula como conjeturas precisas, y las demuestra o refuta usando las herramientas tradicionales del oficio.

Los límites de la máquina: Gödel en la era de la IA

Ante todos estos avances impresionantes, es natural y tentador preguntarse: ¿acabará la IA haciendo obsoletos a los matemáticos humanos? ¿Llegaremos a un punto donde las máquinas demuestren todos los teoremas, descubran todas las estructuras y respondan a todas las preguntas? La respuesta, tanto por razones matemáticas profundas establecidas hace casi un siglo como por consideraciones prácticas sobre la tecnología actual, es casi seguramente negativa.

Los teoremas de incompletitud de Gödel establecen límites fundamentales e insuperables a lo que cualquier sistema formal puede demostrar. Estos límites aplican con igual fuerza a humanos y a máquinas: si un sistema de razonamiento es consistente y lo suficientemente potente para expresar la aritmética básica, necesariamente contendrá proposiciones verdaderas que no puede demostrar dentro de sus propias reglas. Ninguna cantidad de potencia computacional, ningún algoritmo, por sofisticado que sea, puede superar esta barrera lógica. Es un límite de la realidad matemática misma, no de nuestra tecnología.

Más allá de estos límites teóricos fundamentales, hay limitaciones prácticas muy reales que la IA actual enfrenta. Los sistemas de demostración de teoremas más avanzados operan en dominios relativamente restringidos. AlphaProof resuelve problemas de olimpiada matemática, no conjeturas de investigación. FunSearch encuentra construcciones ingeniosas en problemas combinatorios bien definidos, no demuestra teoremas de topología algebraica o geometría diferencial. La generalidad que caracteriza a la creatividad matemática humana —la capacidad de inventar nuevos conceptos, de reformular problemas de maneras inesperadamente productivas— sigue siendo extraordinariamente esquiva para las máquinas.

Todavía no podemos imaginar a la IA abordando con éxito los grandes problemas abiertos de las matemáticas: una demostración de la existencia y regularidad de soluciones de las ecuaciones de Navier-Stokes que gobiernan el movimiento de fluidos, o una prueba de la hipótesis de Riemann. Estos problemas profundos han resistido el paso del tiempo, y cualquier solución que involucre IA casi seguramente requerirá una combinación de inteligencia de máquina, intuición humana y creatividad.

Hay también una cuestión de significado y propósito que la IA no puede abordar. Los matemáticos no solo demuestran teoremas: seleccionan qué teoremas vale la pena demostrar en primer lugar, qué preguntas son genuinamente interesantes, qué conexiones son conceptualmente profundas y cuáles son meras curiosidades. Este juicio conceptual, que distingue las matemáticas vivas de la mera manipulación de símbolos, requiere una comprensión del propósito, el contexto histórico y la arquitectura global del conocimiento que la IA actual simplemente no posee.

Roger Penrose, el físico y matemático británico, ha argumentado basándose en los teoremas de Gödel que la mente humana es fundamentalmente no computacional, capaz de ver verdades matemáticas que ningún algoritmo puede alcanzar (Penrose, 1989). Esta posición es filosóficamente controvertida y probablemente demasiado fuerte. Pero incluso quienes la rechazan reconocen que la creatividad matemática humana tiene características cualitativas —la capacidad de sorpresa, de reformulación radical, de conexión inesperada— que, hasta ahora, no se han logrado replicar en máquinas.

La IA seguirá cometiendo errores, igual que los humanos. Siempre habrá un elemento de la IA que se asemeja a un estudiante excesivamente confiado, competente en jerga y teoremas, pero carente del matiz y la meticulosidad esenciales para la investigación matemática pura. El futuro de las matemáticas depende de que los matemáticos humanos permanezcan activamente involucrados, guiando el proceso, haciendo preguntas perspicaces y verificando los resultados generados por IA para asegurar su corrección.

Hacia el futuro: matemáticas en simbiosis con la IA

Regresemos al sueño de Hilbert con el que comenzamos este capítulo. El matemático alemán de Göttingen imaginaba un sistema completo y decidible, una máquina perfecta donde toda verdad matemática pudiera demostrarse mecánicamente siguiendo reglas fijas. Gödel y Turing demostraron que ese sueño era imposible en su forma más ambiciosa: las matemáticas son demasiado ricas, demasiado profundas, para ser capturadas completamente por ningún sistema formal finito. Pero quizá la versión correcta del sueño no era la automatización completa que eliminara al matemático humano, sino la colaboración óptima que lo potenciara. No una máquina que demuestra todo por sí sola, sino un sistema simbiótico donde humano y máquina, cada uno aportando sus fortalezas únicas, alcanzan juntos verdades que ninguno podría ver en solitario.

¿Cómo serán las matemáticas dentro de una o dos décadas? Aunque toda predicción tecnológica a largo plazo es arriesgada, algunas tendencias parecen suficientemente robustas como para aventurar pronósticos informados. La formalización se volverá rutinaria en lugar de excepcional. A medida que las herramientas mejoren y las comunidades crezcan, será cada vez más común que los resultados matemáticos importantes se publiquen acompañados de verificación formal. No necesariamente porque los editores de revistas lo exijan, sino porque los propios matemáticos encontrarán valor intrínseco en el proceso: la clarificación conceptual que fuerza, los errores sutiles que detecta, la reutilizabilidad que permite... Los expertos del campo anticipan que en diez años, quizá antes, todos los matemáticos estarán conectados a través de un repositorio compartido donde podrán enviar y probar ideas en tiempo real.

La generación de conjeturas asistida por IA se integrará en el flujo de trabajo investigador cotidiano. Igual que hoy usamos programas informáticos como Mathematica para verificar cálculos y explorar ejemplos, en el futuro utilizaremos sistemas de IA para explorar espacios de posibles teoremas, identificar patrones en datos matemáticos, y sugerir direcciones prometedoras de investigación. La educación matemática se transformará en respuesta a estas herramientas. Los asistentes de pruebas podrán convertirse en tutores personalizados extraordinariamente pacientes, detectando errores conceptuales específicos y adaptando las explicaciones al nivel de comprensión individual. La gamificación de la formalización, convirtiendo la demostración de lemas en algo parecido a resolver puzles, podría atraer a nuevas generaciones hacia las matemáticas rigurosas. Pero debemos repensar también qué enseñamos, enfatizando las habilidades que la IA no posee: la formulación de nuevas preguntas, la conexión de ideas dispares o el juicio sobre qué es verdaderamente importante.

En esta simbiosis emergente, cada inteligencia aporta lo que la otra no puede. El matemático humano contribuye con la intuición forjada en años de estudio, con la creatividad que salta entre dominios aparentemente inconexos, el sentido de la importancia y la belleza que distingue lo profundo de lo trivial, y la capacidad de abstracción que extrae la esencia de lo particular. La máquina aporta velocidad de procesamiento sobrehumana, precisión infalible en la verificación, capacidad de explorar sistemáticamente espacios enormes de posibilidades o memoria perfecta que nunca olvida un lema o un contraejemplo. Juntos forman algo genuinamente más que la suma de sus partes.

Las matemáticas, esa catedral construida pacientemente durante milenios, piedra sobre piedra, axioma sobre teorema, definición sobre demostración, tienen ahora nuevos albañiles que trabajan junto a nosotros. No reemplazan a los arquitectos humanos que diseñan la estructura y deciden qué construir; les permiten construir más alto, más rápido, más audazmente de lo que jamás habríamos soñado. El teorema silencioso del título de este capítulo no es uno que la máquina demuestre en secreto sin nosotros, ni uno que nosotros demostremos ignorando las herramientas disponibles. Es un teorema que solo emerge en la conversación entre inteligencias, humana y artificial, cada una contribuyendo lo que la otra no puede, cada una viendo lo que la otra no ve. En ese diálogo está el futuro de las matemáticas.

En la próxima y última parte de este volumen, nuestro viaje por la Ciencia 5.0 llegará a su destino final. Reflexionaremos sobre los patrones que emergen cuando miramos el conjunto, y los desafíos éticos y sociales que esta revolución científica plantea. Porque la ciencia exponencial no es solo una cuestión técnica de algoritmos y datos; es una transformación profunda de lo que significa conocer, descubrir y ser humano en la era de las máquinas inteligentes.

BIBLIOGRAFÍA

Alessandretti, L. et al. (2023). Machine learning for modular forms. *Research in Number Theory, 9*(2), 34.

AlphaProof and AlphaGeometry Teams (2024). *AI achieves silver-medal standard solving International Mathematical Olympiad problems.* Google DeepMind Blog.

Bertot, Y. y Castéran, P. (2004). *Interactive Theorem Proving and Program Development: Coq'Art.* Springer.

Bombieri, E. (2000). The Riemann hypothesis. En *The Millennium Prize Problems.* Clay Mathematics Institute.

Davies, A. et al. (2021). Advancing mathematics by guiding human intuition with AI. *Nature, 600*(7887), 70-74.

De Moura, L. et al. (2015). *The Lean Theorem Prover. Automated Deduction - CADE 25.* Springer, 378-388.

Fawzi, A. et al. (2022). Discovering faster matrix multiplication algorithms with reinforcement learning. *Nature, 610,* 47-53.

Gödel, K. (1931). Über formal unentscheidbare Sätze der Principia Mathematica und verwandter Systeme I. *Monatshefte für Mathematik und Physik, 38,* 173-198.

Gonthier, G. (2008). Formal proof – The four-color theorem. *Notices of the AMS, 55*(11), 1382-1393.

Gonthier, G. et al. (2013). *A machine-checked proof of the odd order theorem. Interactive Theorem Proving.* Springer, 163-179.

He, Y.-H. et al. (2022). Machine learning in physics and mathematics. *Physics Reports, 954,* 1-126.

Hilbert, D. (1902). Mathematical problems. *Bulletin of the American Mathematical Society, 8*(10), 437-479.

Kanigel, R. (1991). *The Man Who Knew Infinity: A Life of the Genius Ramanujan.* Charles Scribner's Sons.

Mathlib Community (2020). *The Lean mathematical library.* Proceedings of the 9th ACM SIGPLAN International Conference on Certified Programs and Proofs, 367-381.

Naskręcki, B. y Ono, K. (2025). Mathematical discovery in the age of artificial intelligence. *Nature Physics, 21,* 1504-1506.

Newell, A. y Simon, H. A. (1956). The logic theory machine: A complex information processing system. *IRE Transactions on Information Theory, 2*(3), 61-79.

Penrose, R. (1989). *The Emperor's New Mind: Concerning Computers, Minds, and the Laws of Physics*. Oxford University Press.

Raayoni, G. et al. (2021). Generating conjectures on fundamental constants with the Ramanujan Machine. *Nature, 590*(7844), 67-73.

Romera-Paredes, B. et al. (2024). Mathematical discoveries from program search with large language models. *Nature, 625*(7995), 468-475.

Scholze, P. et al. (2022). *Completion of the liquid tensor experiment*. Lean Community Blog.

Tao, T. (2023). *A formalization of results in additive combinatorics in Lean*. https://terrytao.wordpress.com

Turing, A. M. (1936). *On computable numbers, with an application to the Entscheidungsproblem*. Proceedings of the London Mathematical Society, s2-42(1), 230-265.

Yang, K. et al. (2023). LeanDojo: Theorem proving with retrieval-augmented language models. *Advances in Neural Information Processing Systems, 36*.

EPÍLOGO

Velocidad vs. responsabilidad: retos éticos de la Ciencia 5.0

> «Nada en la vida debe ser temido, solo comprendido. Ahora es
> el momento de comprender más, para temer menos.»
>
> Marie Curie

El dilema de Prometeo digital

A lo largo de las páginas precedentes hemos recorrido un paisaje científico transformado por la IA. Desde el plegamiento de proteínas hasta la predicción meteorológica, desde el diagnóstico médico hasta la demostración de teoremas, la Ciencia 5.0 ha mostrado su potencial para acelerar el descubrimiento a velocidades que habrían resultado inconcebibles hace apenas una década. Pero toda revolución tecnológica plantea preguntas que trascienden lo puramente técnico. En este epílogo final, nos detenemos para reflexionar sobre una tensión fundamental que atraviesa todo lo que hemos explorado: la tensión entre la velocidad del progreso y la responsabilidad de quienes lo impulsan.

El mito de Prometeo, ese titán griego que robó el fuego a los dioses para entregarlo a la humanidad, resuena con particular fuerza en nuestra era. Como el fuego prometeico, la IA es una herramienta de poder inmenso que puede iluminar o abrasar, dependiendo de cómo la empleemos. La diferencia crucial es que Prometeo sabía exactamente qué entregaba. Nosotros, en cambio, estamos creando sistemas cuyas capacidades completas ni siquiera sus propios diseñadores comprenden del todo. Esta opacidad inherente a los sistemas de IA más avanzados constituye uno de los desafíos éticos más profundos de la Ciencia 5.0 (Floridi, 2019).

La velocidad a la que avanza la IA científica es, en sí misma, motivo de reflexión. En 2020, AlphaFold resolvió un problema que había desafiado a los biólogos durante medio siglo. Apenas tres años después, modelos de lenguaje como GPT-4 demostraban capacidades que muchos expertos no esperaban ver hasta mediados de siglo (Bubeck et al., 2023). Esta aceleración exponencial genera una asimetría temporal preocupante: las tecnologías se desarrollan en meses, mientras que las estructuras regulatorias, los marcos éticos y las adaptaciones institucionales requieren años o décadas. Como ha señalado el filósofo Luciano Floridi, estamos conduciendo un vehículo cada vez más veloz mientras construimos la carretera sobre la marcha (Floridi, 2023).

Esta asimetría no es un mero inconveniente burocrático, sino que tiene consecuencias reales para la práctica científica y para la sociedad en su conjunto. Cuando desplegamos sistemas de IA en contextos clínicos, atmosféricos o de descubrimiento de fármacos sin haber comprendido plenamente sus modos de fallo, estamos realizando experimentos sociales a gran escala sin el consentimiento informado de los participantes. Cuando permitimos que algoritmos opacos influyan en decisiones que afectan a millones de personas, desde la asignación de recursos sanitarios hasta la evaluación de riesgos ambientales, estamos delegando autoridad moral en sistemas que carecen de agencia moral. Estos no son escenarios hipotéticos de ciencia ficción; son realidades que ya enfrentamos y que se intensificarán a medida que la Ciencia 5.0 madure.

....

El fantasma en la máquina: sesgos algorítmicos en la ciencia

Una de las promesas más atractivas de la IA científica es su supuesta objetividad. A diferencia de los investigadores humanos, plagados de prejuicios conscientes e inconscientes, los algoritmos procesarían los datos de forma imparcial, extrayendo verdades que nuestra subjetividad nos impide ver. Esta narrativa, aunque seductora, es profundamente engañosa. Los sistemas de IA no son observadores neutrales del mundo. Son productos de decisiones humanas en cada etapa de su desarrollo, desde la selección de datos de entrenamiento hasta el diseño de arquitecturas y la definición de funciones objetivo.

El caso de los sesgos raciales en algoritmos médicos ilustra vívidamente este problema. En 2019, un estudio publicado en *Science* reveló que un algoritmo ampliamente utilizado en hospitales estadounidenses para identificar pacientes que necesitaban atención médica intensiva discriminaba sistemáticamente contra pacientes afroamericanos. El sesgo no estaba codificado explícitamente, sino que emergía de una decisión aparentemente inocua: usar el gasto médico histórico como proxy de las necesidades de salud. Dado que los pacientes afroamericanos, por razones estructurales ligadas a la desigualdad socioeconómica, habían recibido históricamente menos atención médica, el algoritmo aprendió que «necesitaban» menos cuidados (Obermeyer et al., 2019).

Este tipo de sesgo heredado de los datos es particularmente insidioso en la ciencia porque puede perpetuarse y amplificarse a través de ciclos de retroalimentación. Si los modelos de IA que predicen qué moléculas serán fármacos prometedores se entrenan predominantemente con datos de poblaciones europeas, tenderán a proponer candidatos optimizados para esas poblaciones, exacerbando las disparidades existentes en salud global. Si los algoritmos de revisión de artículos científicos aprenden de decisiones editoriales históricas que favorecieron a investigadores de instituciones prestigiosas, perpetuarán esa ventaja acumulativa que socava la meritocracia científica (Wang et al., 2013).

La solución no es simplemente «eliminar el sesgo» de los datos, como si fuera una impureza que pudiera filtrarse mecánicamente. Los sesgos están entrelazados con la estructura misma de nuestras sociedades y nuestras formas de conocer el mundo. Lo que sí podemos hacer es reconocer que la IA científica nunca es neutral, documentar explícitamente las limitaciones y supuestos de nuestros modelos, diversificar las perspectivas involucradas en su desarrollo, y crear mecanismos de auditoría que detecten y corrijan sesgos antes de que causen daño. Organizaciones como la iniciativa *AI Fairness 360* de IBM o el *Algorithmic Justice League* han desarrollado herramientas para identificar sesgos en sistemas de IA, pero su adopción en contextos científicos sigue siendo limitada (Bellamy et al., 2019).

LA CAJA NEGRA CIENTÍFICA: TRANSPARENCIA Y EXPLICABILIDAD

La ciencia moderna se construyó sobre el principio de que los resultados deben ser reproducibles y los métodos transparentes. Un experimento que no puede replicarse o una teoría que no puede someterse a escrutinio no merecen el nombre de ciencia. Pero la IA desafía estos pilares de formas sutiles y profundas. Cuando una red neuronal profunda identifica un patrón en datos astronómicos o propone una estructura molecular, frecuentemente no puede explicar por qué llegó a esa conclusión. Su «razonamiento», si puede llamarse así, está distribuido en millones de parámetros cuyas interacciones desafían la interpretación humana.

Este problema de la «caja negra» es especialmente agudo en la Ciencia 5.0. Tradicionalmente, aceptamos un resultado científico cuando entendemos el mecanismo que lo produce: la manzana cae porque existe una fuerza gravitatoria, y el gen se expresa porque ciertos factores de transcripción se unen al promotor. Pero cuando AlphaFold predice la estructura de una proteína, no ofrece una teoría sobre el plegamiento proteico, sino un resultado. Puede ser extraordinariamente preciso, puede ser útil, pero en cierto sentido profundo no añade comprensión al edificio del conocimiento (Lipton, 2018).

Algunos argumentan que esta preocupación es excesiva, que la ciencia siempre ha utilizado herramientas cuyo funcionamiento interno desconocía. Los primeros microscopistas no entendían la óptica que permitía sus observaciones. Los físicos experimentales usan detectores cuya electrónica no podrían diseñar desde cero. Sin embargo, existe una diferencia cualitativa: esas herramientas ampliaban la percepción humana sin sustituir el razonamiento humano. La IA, en cambio, produce inferencias que no podríamos hacer nosotros mismos, a partir de patrones que no podemos percibir. Aceptar sus conclusiones sin comprenderlas supone un nuevo tipo de fe epistémica, una confianza que debemos calibrar con extremo cuidado (Rudin, 2019).

El campo emergente de la IA explicable (*XAI*, por sus siglas en inglés) busca abordar este desafío desarrollando técnicas que hagan interpretables las decisiones de los modelos de aprendizaje automático. Métodos como LIME, SHAP o los mapas de atención permiten identificar qué características de los datos influyeron más en una predicción particular (Ribeiro et al., 2016; Ludberg y Lee, 2017). Estas técnicas son valiosas, pero tienen limitaciones importantes: ofrecen explicaciones aproximadas y *post hoc* que no necesariamente capturan el verdadero proceso interno del modelo. Además, existe una tensión inherente entre capacidad predictiva e interpretabilidad: los modelos más potentes tienden a ser los menos transparentes, mientras que los más interpretables suelen sacrificar rendimiento.

Para la ciencia, la solución probablemente no sea elegir entre rendimiento y explicabilidad, sino desarrollar nuevos estándares epistemológicos que combinen ambos. Podríamos exigir que los resultados generados por IA se validen mediante métodos independientes, que los modelos se sometan a pruebas de estrés sistemáticas para identificar sus modos de fallo, y que las publicaciones científicas documenten explícitamente qué aspectos de un descubrimiento asistido por IA se comprenden y cuáles permanecen opacos. La revista *Nature* y otras publicaciones líderes han comenzado a implementar directrices de transparencia para trabajos que utilizan aprendizaje automático, pero estas iniciativas son todavía incipientes (Nature Editorial, 2023).

¿QUIÉN DESCUBRIÓ QUÉ?
AUTORÍA, CRÉDITO Y PROPIEDAD INTELECTUAL

El sistema de incentivos de la ciencia descansa sobre la atribución de crédito. Los investigadores construyen carreras acumulando publicaciones, citas y reconocimiento por sus contribuciones originales. Los premios Nobel, las cátedras y los fondos de investigación fluyen hacia quienes demuestran creatividad e impacto. Pero cuando un descubrimiento emerge de la colaboración entre humanos y máquinas, ¿a quién corresponde el mérito? ¿Al científico que formuló la pregunta? ¿Al ingeniero que diseñó el algoritmo? ¿A la empresa que entrenó el modelo con recursos computacionales masivos? ¿O al propio sistema de IA, como si fuera un colaborador más?

Esta pregunta, que podría parecer filosófica, tiene consecuencias prácticas inmediatas. En 2023, un artículo en física de materiales listó a un modelo de IA como coautor, generando un intenso debate en la comunidad científica. Algunos argumentaron que la contribución del modelo había sido sustancial e irreemplazable, otros señalaron que la autoría implica responsabilidad, y otros que un algoritmo no puede responder ante acusaciones de fraude o error (Thorp, 2023). Las principales revistas científicas han respondido prohibiendo la autoría de sistemas de IA, pero exigiendo que su uso se declare explícitamente. Es una solución provisional que no resuelve el problema subyacente.

Más allá de la autoría formal, existe el riesgo de que la IA amplifique las desigualdades existentes en el sistema científico. Los modelos más potentes requieren recursos computacionales que solo las instituciones más ricas pueden permitirse. Si el acceso a herramientas de IA de vanguardia se convierte en prerrequisito para la investigación competitiva, los científicos de países en desarrollo y de instituciones menos privilegiadas quedarán sistemáticamente desventajados. El «Matthew Effect» documentado por el sociólogo Robert Merton, por la cual los científicos exitosos acumulan ventajas que facilitan éxitos futuros, podría intensificarse dramáticamente en la era de la Ciencia 5.0 (Merton, 1968).

La propiedad intelectual presenta desafíos adicionales. ¿Quién posee los derechos sobre una molécula diseñada por un algoritmo de IA? ¿Puede patentarse un descubrimiento científico realizado sin intervención humana directa? Los marcos legales actuales, diseñados para una era en que la creatividad era exclusivamente humana, no ofrecen respuestas claras. Algunas jurisdicciones han comenzado a adaptar sus legislaciones, pero el ritmo del cambio legal es necesariamente más lento que el de la innovación tecnológica, generando zonas grises que pueden explotarse o que simplemente paralizan la transferencia de conocimiento (Abbott, 2020).

El precio de los datos: privacidad, consentimiento y extractivismo digital

La IA científica es voraz en su apetito de datos. Los modelos que predicen estructuras proteicas se entrenan con millones de secuencias genéticas; los que diagnostican enfermedades, con millones de historiales médicos; los que predicen el clima, con petabytes de observaciones satelitales. Esta dependencia de datos masivos plantea preguntas incómodas sobre su procedencia, las condiciones de su recopilación y los derechos de quienes los generaron.

En el ámbito biomédico, el consentimiento informado se convierte en un problema especialmente espinoso. Cuando un paciente dona una muestra de sangre para un estudio específico, ¿consiente implícitamente a que sus datos genéticos alimenten modelos de IA que aún no existen? ¿Tiene derecho a retirarse de bases de datos que ya han sido utilizadas para entrenar sistemas desplegados globalmente? El Reglamento General de Protección de Datos (GDPR) europeo establece el «derecho al olvido», pero su aplicación práctica en contextos de aprendizaje automático es técnicamente compleja y, en muchos casos, imposible de implementar completamente (Villaronga et al., 2018).

Existe además una dimensión geopolítica en la economía de los datos científicos. Los grandes modelos de IA se entrenan predominantemente con datos generados en países desarrollados, particularmente en contextos anglófonos. Esto crea sesgos evidentes: modelos de lenguaje que funcionan mejor en inglés que en español o suajili, sistemas de reconocimiento de imágenes que identifican con menor precisión rostros de etnias subrepresentadas en los conjuntos de entrenamiento, algoritmos médicos calibrados para poblaciones genéticamente homogéneas... Pero también genera una forma de extractivismo digital: los datos producidos en el Sur Global fluyen hacia empresas y laboratorios del Norte, donde se convierten en modelos que luego se venden o licencian de vuelta, perpetuando dependencias coloniales en nuevos formatos (Couldry y Mejias, 2019).

Algunas iniciativas buscan contrarrestar estas dinámicas. El movimiento de ciencia abierta promueve la publicación de datos y código como norma, no como excepción. Proyectos como *ELIXIR* en Europa o el African Genome Archive trabajan para crear infraestructuras de datos gobernadas por y para las comunidades que los generan. Los principios CARE (Beneficio Colectivo, Autoridad para el Control, Responsabilidad y Ética) complementan los principios FAIR mencionados en capítulos anteriores, añadiendo consideraciones de justicia y soberanía de datos (Carroll et al., 2020). Estas son direcciones prometedoras, pero su implementación enfrenta resistencias poderosas de quienes se benefician del *status quo*.

LA HUELLA INVISIBLE: IMPACTO AMBIENTAL DE LA IA CIENTÍFICA

En los debates sobre ética de la IA, un tema suele quedar relegado: el impacto ambiental de entrenar y ejecutar modelos cada vez más grandes. Un estudio de 2019 estimó que entrenar un único modelo de procesamiento de lenguaje natural podía generar emisiones de CO_2 equivalentes a las de cinco automóviles durante toda su vida útil (Strubell et al., 2019). Desde entonces, los modelos han crecido exponencialmente en tamaño, y en correspondencia los costes energéticos.

Esta huella de carbono es especialmente paradójica cuando la IA se aplica precisamente a problemas ambientales. Usamos modelos masivos para predecir el cambio climático mientras contribuimos a él con el entrenamiento de esos mismos modelos. Diseñamos catalizadores para captura de carbono mediante algoritmos que consumen electricidad generada, en buena parte, quemando combustibles fósiles. Esta ironía no invalida los beneficios potenciales de la IA para la sostenibilidad, pero exige que los contabilicemos honestamente en el balance.

Más allá del carbono están los costes materiales. Los chips especializados para IA requieren tierras raras cuya extracción devasta ecosistemas, los centros de datos consumen cantidades enormes de agua para refrigeración y los dispositivos electrónicos se vuelven obsoletos a ritmos acelerados, generando montañas de residuos tóxicos. Cuando celebramos un nuevo avance en IA científica, rara vez preguntamos cuántos litros de agua y kilogramos de cobalto ha costado producirlo (Crawford, 2021).

La comunidad de IA ha comenzado a tomar conciencia de estos impactos. Iniciativas como «Green AI» promueven el desarrollo de algoritmos más eficientes que logren resultados comparables con fracciones del coste computacional. Empresas tecnológicas se comprometen a la neutralidad de carbono y a alimentar sus centros de datos con energías renovables. Pero estos esfuerzos son insuficientes ante la tendencia dominante hacia modelos cada vez mayores. Si la Ciencia 5.0 va a ser genuinamente beneficiosa para la humanidad, debe incorporar la sostenibilidad ambiental como criterio de diseño, no como ocurrencia tardía (Schwartz et al., 2020).

El científico del futuro: redefinición de roles y competencias

¿Qué significa ser científico en la era de la IA? Esta pregunta, que ha flotado implícitamente a lo largo de todo este libro, merece ahora una reflexión explícita. La respuesta corta es que el rol está experimentando una transformación profunda, comparable quizá a la que supuso la introducción de los ordenadores en la investigación durante la segunda mitad del siglo XX, pero más rápida y radical.

Algunas tareas que tradicionalmente definían la identidad del científico están siendo automatizadas o asistidas por IA: la revisión de literatura, el análisis estadístico de datos, la redacción de borradores, incluso la generación de hipótesis. Esto no significa que los científicos vayan a volverse obsoletos, pero sí que las competencias que los hacen valiosos están desplazándose. La capacidad de realizar cálculos complejos manualmente, otrora esencial, ya no lo es. En cambio, la capacidad de formular las preguntas correctas, de evaluar críticamente los resultados que produce la máquina, de situar los descubrimientos en contextos más amplios, se vuelve más importante que nunca.

Este desplazamiento genera ansiedades legítimas, especialmente entre investigadores en etapas tempranas de sus carreras que observan cómo se transforman las reglas del juego mientras aprenden a jugarlo. En las aulas universitarias percibo esta inquietud con creciente frecuencia. Estudiantes brillantes que se preguntan si tiene sentido dedicar años a dominar técnicas que quizá queden obsoletas antes de que terminen su doctorado. Doctorandos que no saben si competir con la IA o abrazarla, si especializarse en los métodos tradicionales de su disciplina o reinventarse como expertos en aprendizaje automático. Son preguntas sin respuestas fáciles, pero que las universidades no podemos eludir.

La transformación que vivimos exige una revisión profunda de cómo formamos a los científicos del futuro. Durante décadas, la educación científica universitaria ha seguido un modelo relativamente estable: primero los fundamentos teóricos, luego las técnicas experimentales o computacionales específicas del campo, y finalmente la inmersión en la investigación de frontera. Este modelo asumía que el conocimiento adquirido en los primeros años de formación seguiría siendo relevante durante toda una carrera profesional. Esa asunción ya no se sostiene. Las herramientas, técnicas y marcos conceptuales que un estudiante aprende hoy pueden quedar obsoletos antes incluso de que termine su formación, y el ritmo de cambio no hará sino acelerarse a lo largo de su carrera.

¿Cómo preparar a alguien para un futuro que no podemos predecir con precisión? La tentación inmediata es añadir cursos de programación, estadística computacional e IA al currículo existente. Esta respuesta, aunque necesaria, es insuficiente. No se trata solo de que los futuros científicos sepan usar Python o entrenar una red neuronal. Se trata de que desarrollen una relación madura y crítica con estas herramientas, que comprendan tanto sus posibilidades como sus limitaciones, que sepan cuándo son apropiadas y cuándo no lo son.

En mi experiencia docente he observado que los estudiantes que mejor se adaptan a este nuevo entorno no son necesariamente los más hábiles técnicamente, sino los que combinan competencia técnica con lo que podríamos llamar «metacognición científica»: la capacidad de reflexionar sobre el propio proceso de conocimiento, de cuestionar los supuestos implícitos en los métodos que utilizan, de mantener una distancia crítica incluso cuando obtienen resultados que parecen confirmar sus hipótesis. Esta capacidad metacognitiva es precisamente lo que permite evaluar críticamente los *outputs* de una IA, detectar cuándo un modelo está produciendo artefactos en lugar de descubrimientos genuinos, o reconocer que una correlación estadística impresionante puede carecer de significado científico real.

Cultivar esta metacognición requiere algo más que añadir asignaturas técnicas al plan de estudios; requiere integrar la reflexión metodológica y epistemológica en todas las materias, desde el primer curso hasta el proyecto de fin de grado; requiere exponer a los estudiantes a casos donde la IA ha fallado, no solo donde ha triunfado, para que desarrollen un escepticismo saludable; requiere enseñarles a leer artículos científicos que utilizan aprendizaje automático con el mismo ojo crítico que aplicarían a cualquier otro método, preguntándose por la calidad de los datos, la validez de las métricas, la reproducibilidad de los resultados y los posibles sesgos ocultos.

Las universidades enfrentamos aquí un dilema estructural. Por un lado, la especialización disciplinar sigue siendo necesaria: no se puede hacer buena ciencia sin dominar profundamente un campo específico, su historia, sus métodos establecidos, sus preguntas abiertas. Por otro lado, la IA es inherentemente transdisciplinar, y los mismos algoritmos que predicen estructuras de proteínas detectan exoplanetas y diagnostican tumores. Formar científicos que sean a la vez especialistas profundos y generalistas versátiles es un desafío pedagógico de primer orden.

Una posible respuesta es repensar la estructura misma de los grados y posgrados. En lugar de itinerarios rígidos, donde cada estudiante sigue una secuencia predeterminada de asignaturas, podríamos movernos hacia modelos más flexibles que combinen un núcleo común de competencias fundamentales con especializaciones modulares que los estudiantes puedan combinar según sus intereses y las demandas del momento. Ese núcleo común debería incluir, sí, fundamentos de IA y pensamiento computacional, pero también filosofía de la ciencia, ética de la investigación y comunicación científica. Algunas universidades están experimentando con estos modelos y los resultados son prometedores, aunque la inercia institucional hace que el cambio sea lento.

Otra dimensión crucial es la formación continua. Si aceptamos que el conocimiento técnico caduca cada vez más rápido, debemos aceptar también que la formación inicial, por buena que sea, no basta para toda una carrera. Las universidades, tradicionalmente centradas en la formación de jóvenes, debemos aprender a servir también a profesionales en activo que necesitan actualizar sus competencias sin abandonar sus trabajos. Esto implica desarrollar programas flexibles, modulares, compatibles con las obligaciones laborales y familiares. Implica también reconocer que no tenemos el monopolio del conocimiento: los mejores cursos de aprendizaje automático pueden estar en plataformas *online,* en comunidades de práctica o en empresas tecnológicas. El papel de la universidad quizá no sea competir con esas fuentes, sino complementarlas ofreciendo lo que ellas no pueden: la reflexión crítica, el contexto histórico, la perspectiva ética, la comunidad de aprendizaje.

Permítaseme una reflexión más personal. Como profesor que ha dedicado su carrera a la física teórica, he vivido en primera persona la perplejidad de ver cómo herramientas que no existían cuando me formé se vuelven centrales para mi campo. He tenido que aprender, ya en la madurez profesional, conceptos y técnicas que mis estudiantes actuales absorben con la naturalidad de quien ha crecido rodeado de ellas. Esta experiencia me ha enseñado humildad: la humildad de reconocer que no tengo todas las respuestas, que mis estudiantes pueden saber cosas que yo ignoro, que el aprendizaje es un proceso bidireccional donde el profesor también aprende.

Pero también me ha confirmado en una convicción: hay aspectos de la formación científica que trascienden las técnicas específicas de cada época; por ejemplo, la honestidad intelectual que impide maquillar los datos para que encajen con la hipótesis preferida; la perseverancia que permite seguir adelante cuando los experimentos fracasan una y otra vez; la curiosidad genuina que impulsa a hacerse preguntas sin garantía de que tengan respuesta; o la capacidad de asombro ante la elegancia de una demostración matemática o la sutileza de un fenómeno natural. Estas cualidades no se programan en ningún algoritmo. Se cultivan en la convivencia con maestros que las encarnan y en comunidades que las valoran. La universidad, con todos sus defectos y rigideces, sigue siendo uno de los pocos espacios donde este cultivo es posible.

Quizá lo más importante sea cultivar lo que podríamos llamar «sabiduría científica»: la capacidad de discernir qué preguntas vale la pena hacer, qué métodos son apropiados para cada problema, cuándo confiar en los resultados de la máquina y cuándo cuestionarlos, cómo comunicar hallazgos de forma honesta y accesible... Estas son habilidades profundamente humanas que la IA no puede reemplazar, porque presuponen una comprensión del mundo y de nuestro lugar en él que los algoritmos no poseen. El científico del futuro no será quien compita con la IA en velocidad de procesamiento, sino quien la dirija hacia fines genuinamente valiosos.

La buena noticia es que la IA también puede democratizar el acceso a capacidades antes reservadas a élites con recursos excepcionales. Un estudiante de doctorado con acceso a las herramientas adecuadas puede ahora explorar espacios de soluciones que antes requerían equipos numerosos y presupuestos millonarios. Un investigador en una universidad modesta de un país en desarrollo puede acceder a los mismos modelos preentrenados que sus colegas de Stanford o Cambridge. Esta democratización potencial no se materializará automáticamente. Requiere políticas deliberadas de acceso abierto, inversión en infraestructura digital y, sobre todo, formación que permita aprovechar estas oportunidades. Pero si lo hacemos bien, la Ciencia 5.0 podría ser más inclusiva, no menos, que las eras que la precedieron.

La responsabilidad de que esto ocurra recae en buena medida sobre quienes formamos a las próximas generaciones de científicos. No podemos predecir exactamente cómo será la ciencia dentro de veinte años, pero sí podemos formar personas capaces de adaptarse, de aprender continuamente, de mantener su brújula ética en medio de la turbulencia tecnológica. Esa es, en última instancia, la misión de la universidad en la era de la IA: no producir técnicos intercambiables, sino cultivar seres humanos capaces de dar sentido a un mundo que cambia más rápido de lo que podemos comprender.

Gobernanza de la IA científica: entre la regulación y la autorregulación

¿Cómo debemos gobernar una tecnología que evoluciona más rápido que nuestra capacidad de comprenderla? Esta pregunta no tiene respuesta fácil, pero ignorarla sería irresponsable. Los dos extremos del espectro, la regulación estricta que podría sofocar la innovación y el *laissez-faire* que deja todo a la buena voluntad de los desarrolladores, son igualmente problemáticos. Lo que necesitamos son marcos de gobernanza adaptativos que establezcan principios y límites claros mientras preservan espacio para la experimentación responsable.

La Unión Europea ha tomado la delantera con el *AI Act*, la primera legislación exhaustiva sobre IA aprobada en 2024. Este marco clasifica los sistemas de IA según su nivel de riesgo y establece requisitos proporcionales de transparencia, evaluación de impacto y supervisión humana. Aunque imperfecto y criticado tanto por excesivamente restrictivo como por insuficientemente protector, representa un intento serio de establecer reglas del juego antes de que sea demasiado tarde (European Commission, 2024). Estados Unidos, China y otros actores globales están desarrollando sus propios enfoques, generando un paisaje regulatorio fragmentado que plantea desafíos adicionales para la ciencia, que es por naturaleza transnacional.

Paralelamente a los esfuerzos gubernamentales, han surgido iniciativas de autorregulación desde la propia comunidad de IA. Declaraciones como los Principios de Montreal para una IA Responsable, los Principios de Asilomar o las directrices de organizaciones como Partnership on AI establecen compromisos voluntarios sobre transparencia, equidad y seguridad (Jobin et al., 2019). Estas iniciativas tienen la ventaja de estar informadas por quienes mejor conocen la tecnología, pero su carácter voluntario limita su efectividad.

Para la ciencia específicamente, las instituciones tradicionales de gobernanza, como los comités de ética de investigación, las políticas editoriales de revistas y los códigos de conducta profesionales, necesitan adaptarse a las nuevas realidades. Algunas adaptaciones ya están en marcha: directrices sobre uso de IA en la redacción científica, requisitos de compartir código y datos para reproducibilidad, formación en ética de datos para investigadores... Pero estas respuestas siguen siendo fragmentarias y reactivas. Lo que se necesita es una reflexión sistemática sobre qué significa la integridad científica en la era de la IA, y cómo las estructuras institucionales pueden promoverla sin impedir el progreso (National Academies of Sciences, Engineering, and Medicine, 2019).

CIENCIA PARA TODOS: LA BRECHA TECNOLÓGICA GLOBAL

Los beneficios de la Ciencia 5.0 no se distribuirán automáticamente de forma equitativa. Las capacidades avanzadas de IA están concentradas en un puñado de países y empresas: Estados Unidos y China dominan la investigación en aprendizaje profundo, y las grandes tecnológicas acumulan el talento, los datos y la infraestructura computacional necesarios para entrenar modelos de frontera. Si no se toman medidas deliberadas, la revolución de la IA científica podría ampliar las brechas existentes entre países ricos y pobres, así como entre centros de élite e instituciones periféricas.

Esta preocupación no es abstracta. Consideremos el ejemplo de la investigación biomédica: los modelos de IA que detectan enfermedades tropicales con alta prevalencia en países de bajos ingresos se desarrollan mayoritariamente en laboratorios del Norte Global, utilizando datos de poblaciones que no representan a quienes más se beneficiarían de estos avances. Los investigadores africanos que quieren adaptar estos modelos a sus contextos locales enfrentan barreras de acceso a infraestructura, financiación y, no menos importante, a los propios datos que sus pacientes generaron (Ngiam y Khor, 2019).

Existen, sin embargo, fuerzas que trabajan en sentido contrario. El movimiento de código abierto ha democratizado el acceso a herramientas de IA poderosas: bibliotecas como TensorFlow, PyTorch o Hugging Face permiten que cualquiera con conexión a Internet experimente con modelos de vanguardia. Plataformas en la nube ofrecen acceso a recursos computacionales sin necesidad de inversiones prohibitivas en *hardware*. Iniciativas como Masakhane, que desarrolla tecnologías de procesamiento de lenguaje natural para idiomas africanos, demuestran que comunidades históricamente excluidas pueden apropiarse de estas herramientas y adaptarlas a sus necesidades (Nekoto et al., 2020).

La equidad en la Ciencia 5.0 requiere esfuerzos deliberados en múltiples frentes: inversión en infraestructura digital en regiones subatendidas, formación de talento local en lugar de fomentar la fuga de cerebros, desarrollo de modelos específicos para contextos no occidentales y gobernanza de datos que respete la soberanía de las comunidades que los generan. Estos no son solo imperativos éticos; son también condiciones para una ciencia genuinamente global que aproveche la diversidad de perspectivas y problemas como fuente de innovación.

Conclusión:
HACIA UNA CIENCIA EXPONENCIAL Y RESPONSABLE

Al inicio de este epílogo invocamos a Prometeo, el titán que regaló el fuego a la humanidad y pagó un precio terrible por su audacia. Pero el mito tiene una segunda parte que a menudo olvidamos: según algunas versiones, Prometeo también entregó a los humanos las artes, las ciencias y la esperanza. El fuego era solo el comienzo; lo que verdaderamente importaba era la capacidad de usar ese poder para construir civilización.

La Ciencia 5.0, como el fuego de Prometeo, es una herramienta de poder inmenso que puede servir para el bien o para el mal. A lo largo de este libro hemos visto sus promesas extraordinarias: predecir la estructura de proteínas que antes requerían años de trabajo experimental, anticipar fenómenos meteorológicos extremos con precisión sin precedentes, detectar enfermedades antes de que manifiesten síntomas, descubrir nuevos materiales y moléculas a velocidades vertiginosas, e incluso demostrar teoremas matemáticos que habían resistido décadas de intentos humanos. Estas capacidades tienen el potencial de transformar la medicina, la energía, el medio ambiente y prácticamente todos los ámbitos de la actividad humana.

Pero hemos visto también los riesgos: sesgos que perpetúan injusticias, opacidad que erosiona la confianza, concentración de poder que excluye a muchos de los beneficios, impactos ambientales que socavan los propios fines que perseguimos, y transformaciones laborales que amenazan modos de vida establecidos. Estos riesgos no son razones para detener el progreso; son razones para dirigirlo conscientemente, para asegurarnos de que la velocidad del avance tecnológico no nos haga perder de vista los valores que dan sentido a la empresa científica.

La responsabilidad no es el freno de la velocidad, es su condición de posibilidad sostenible. Una ciencia que avanza rápido, pero genera desconfianza social, acabará encontrando resistencias que la ralentizarán mucho más que cualquier regulación prudente. Una ciencia que concentra sus beneficios en pocos acabará empobrecida por la exclusión de perspectivas diversas. Una ciencia que ignora sus impactos ambientales acabará socavando las condiciones materiales de su propia existencia. La velocidad responsable no es un oxímoron; es la única forma de velocidad genuinamente sostenible.

¿Cómo lograrlo? No existe una receta simple, pero sí principios orientadores. Primero, la humildad epistémica: reconocer que nuestros sistemas de IA son herramientas poderosas pero imperfectas, que sus resultados deben verificarse y sus limitaciones documentarse. Segundo, la inclusión deliberada: asegurar que quienes desarrollan, despliegan y se ven afectados por estas tecnologías tengan voz en su gobernanza. Tercero, la transparencia radical: hacer visibles los datos, los algoritmos, los supuestos y los intereses que subyacen a los sistemas de IA científica. Cuarto, la responsabilidad distribuida: crear estructuras institucionales que asignen obligaciones claras en cada etapa del proceso, desde el diseño hasta el despliegue. Quinto, la reflexividad continua: mantener viva la pregunta sobre si estamos usando estas herramientas para los fines correctos y de las maneras correctas (Dignum, 2019).

A lo largo de este libro he intentado transmitir el asombro genuino que siento ante los avances de la IA científica. No es un asombro ingenuo que ignore los riesgos, sino uno informado que los reconoce y los enfrenta. Creo firmemente que estamos en el umbral de una nueva era para la ciencia, una era en que las colaboraciones entre humanos y máquinas producirán descubrimientos que ninguno de los dos podría lograr por separado. Pero también creo que esa era solo será genuinamente beneficiosa si la construimos con intencionalidad ética, no como ocurrencia tardía sino como principio fundacional.

La Ciencia 5.0 no es un destino inevitable al que llegaremos pasivamente, sino un futuro que estamos construyendo con cada decisión que tomamos. Cada algoritmo que diseñamos, cada conjunto de datos que generamos, cada política que implementamos, cada pregunta de investigación que formulamos, es un acto de construcción de ese futuro. Tenemos la responsabilidad, y también el privilegio, de hacerlo bien. Que los descubrimientos que nos esperan sean dignos del esfuerzo, y que la ciencia que legamos a las generaciones futuras sea no solo más poderosa, sino también más justa, más transparente y humana.

Bibliografía

Abbott, R. (2020). I Think, Therefore I Invent: Creative Computers and the Future of Patent Law. *Boston College Law Review, 61*(3), 1079-1126.

Bellamy, R. K. E., Dey, K., Hind, M. et al. (2019). AI Fairness 360: An extensible toolkit for detecting and mitigating algorithmic bias. *IBM Journal of Research and Development, 63*(4/5), 4:1-4:15.

Bubeck, S., Chandrasekaran, V., Eldan, R. et al. (2023). *Sparks of Artificial General Intelligence: Early experiments with GPT-4.* arXiv:2303.12712.

Carroll, S. R., Garba, I., Figueroa-Rodríguez, O. L. et al. (2020). The CARE Principles for Indigenous Data Governance. *Data Science Journal, 19*(1), 43.

Couldry, N. y Mejias, U. A. (2019). *The Costs of Connection: How Data Is Colonizing Human Life and Appropriating It for Capitalism.* Stanford University Press.

Crawford, K. (2021). *Atlas of AI: Power, Politics, and the Planetary Costs of Artificial Intelligence.* Yale University Press.

Dignum, V. (2019). *Responsible Artificial Intelligence: How to Develop and Use AI in a Responsible Way.* Springer.

European Commission (2024). Artificial Intelligence Act. *Official Journal of the European Union.*

Floridi, L. (2019). Establishing the rules for building trustworthy AI. *Nature Machine Intelligence, 1*(6), 261-262.

Floridi, L. (2023). *The Ethics of Artificial Intelligence: Principles, Challenges, and Opportunities.* Oxford University Press.

Jobin, A., Ienca, M. y Vayena, E. (2019). The global landscape of AI ethics guidelines. *Nature Machine Intelligence, 1*(9), 389-399.

Lipton, Z. C. (2018). The mythos of model interpretability. *Queue, 16*(3), 31-57.

Lundberg, S. M. y Lee, S.-I. (2017). A unified approach to interpreting model predictions. *Advances in Neural Information Processing Systems, 30,* 4765-4774.

Merton, R. K. (1968). The Matthew Effect in Science. *Science, 159*(3810), 56-63.

National Academies of Sciences, Engineering, and Medicine (2019). *Reproducibility and Replicability in Science.* The National Academies Press.

Nature Editorial (2023). Tools such as ChatGPT threaten transparent science; here are our ground rules for their use. *Nature, 613*(7942), 612.

Nekoto, W., Marivate, V., Matsila, T. et al. (2020). Participatory research for low-resourced machine translation: A case study in African languages. *Findings of the Association for Computational Linguistics: EMNLP 2020,* 2144-2160.

Ngiam, K. Y. y Khor, I. W. (2019). Big data and machine learning algorithms for health-care delivery. *The Lancet Oncology, 20*(5), e262-e273.

Obermeyer, Z., Powers, B., Vogeli, C. y Mullainathan, S. (2019). Dissecting racial bias in an algorithm used to manage the health of populations. *Science, 366*(6464), 447-453.

Ribeiro, M. T., Singh, S. y Guestrin, C. (2016). Why should I trust you?: Explaining the predictions of any classifier. *arXiv preprint arXiv:1602.04938.*

Rudin, C. (2019). Stop explaining black box machine learning models for high stakes decisions and use interpretable models instead. *Nature Machine Intelligence, 1*(5), 206-215.

Schwartz, R., Dodge, J., Smith, N. A. y Etzioni, O. (2020). Green AI. *Communications of the ACM, 63*(12), 54-63.

Strubell, E., Ganesh, A. y McCallum, A. (2019). *Energy and policy considerations for deep learning in NLP.* Proceedings of the 57th Annual Meeting of the Association for Computational Linguistics, 3645-3650.

Thorp, H. H. (2023). ChatGPT is fun, but not an author. *Science, 379*(6630), 313.

Villaronga, E. F., Kieseberg, P. y Li, T. (2018). Humans forget, machines remember: Artificial intelligence and the right to be forgotten. *Computer Law & Security Review, 34*(2), 304-313.

Wang, D., Song, C. y Barabási, A.-L. (2013). Quantifying long-term scientific impact. *Science, 342*(6154), 127-132.

GLOSARIO

Este glosario recoge los términos técnicos más relevantes utilizados a lo largo del libro, ordenados alfabéticamente. Las definiciones están pensadas para lectores sin formación especializada, priorizando la claridad sobre la exhaustividad técnica.

A

Ajuste fino *(fine-tuning):* Proceso mediante el cual un modelo de IA previamente entrenado en una tarea general se adapta a una tarea más específica. Por ejemplo, un modelo de lenguaje entrenado con textos generales puede ajustarse finamente con literatura médica para especializarse en ese dominio. El ajuste fino permite aprovechar el conocimiento general adquirido durante el preentrenamiento.

AlphaFold: Sistema de inteligencia artificial desarrollado por DeepMind (Google) que predice la estructura tridimensional de las proteínas a partir de su secuencia de aminoácidos. AlphaFold 2, presentado en 2020, logró una precisión comparable a los métodos experimentales, resolviendo un problema que había desafiado a los biólogos durante más de cincuenta años.

Aprendizaje automático *(machine learning):* Rama de la inteligencia artificial en la que los sistemas informáticos mejoran su rendimiento en una tarea a través de la experiencia, sin ser programados explícitamente para cada situación. El sistema «aprende» patrones a partir de datos de entrenamiento y los utiliza para hacer predicciones o tomar decisiones sobre datos nuevos.

Aprendizaje no supervisado: Tipo de aprendizaje automático en el que el sistema recibe datos sin etiquetas ni respuestas correctas predefinidas. El algoritmo debe descubrir por sí solo estructuras, patrones o agrupaciones en los datos.

Se utiliza para tareas como segmentación de clientes, detección de anomalías o reducción de dimensionalidad.

Aprendizaje por refuerzo: Paradigma de aprendizaje automático en el que un agente aprende a tomar decisiones mediante prueba y error, recibiendo recompensas o penalizaciones según los resultados de sus acciones. Es el método utilizado para entrenar sistemas como AlphaGo, que aprendió a jugar al go a nivel sobrehumano.

Aprendizaje profundo (*deep learning*): Subconjunto del aprendizaje automático que utiliza redes neuronales con múltiples capas (de ahí el término «profundo») para aprender representaciones jerárquicas de los datos. Ha revolucionado campos como el reconocimiento de imágenes, el procesamiento del lenguaje natural y la predicción de estructuras moleculares.

Aprendizaje supervisado: Tipo de aprendizaje automático en el que el sistema se entrena con ejemplos etiquetados, es decir, pares de entrada-salida donde la respuesta correcta es conocida. El modelo aprende a asociar entradas con salidas para poder predecir la etiqueta de nuevos datos no vistos durante el entrenamiento.

Arquitectura (de red neuronal): Estructura organizativa de una red neuronal que define cuántas capas tiene, cuántas neuronas hay en cada capa, cómo se conectan entre sí y qué operaciones realizan. Diferentes arquitecturas son más adecuadas para diferentes tipos de problemas.

Atención (mecanismo de): Técnica que permite a una red neuronal centrarse selectivamente en las partes más relevantes de la entrada cuando procesa información. Es el componente fundamental de los transformadores y ha revolucionado el procesamiento del lenguaje natural y otros campos.

B

Backpropagation (retropropagación): Algoritmo fundamental para entrenar redes neuronales. Calcula cómo cada parámetro de la red contribuye al error final y ajusta los pesos en la dirección que reduce ese error. Funciona propagando el error desde la salida hacia las capas anteriores (de ahí su nombre).

Batch **(lote):** Subconjunto de datos de entrenamiento que se procesa conjuntamente antes de actualizar los parámetros del modelo. Entrenar con lotes en lugar de con ejemplos individuales mejora la eficiencia computacional y puede ayudar a la convergencia del aprendizaje.

Big data: Término que designa conjuntos de datos tan grandes o complejos que las herramientas tradicionales de procesamiento resultan inadecuadas. Se caracteriza por las «tres V»: volumen (cantidad de datos), velocidad (ritmo de generación) y variedad (diversidad de formatos y fuentes).

Bit: Unidad básica de información en computación clásica, que puede tomar uno de dos valores: 0 o 1. Todos los datos digitales se codifican en última instancia como secuencias de bits.

C

Capa *(layer)*: Conjunto de neuronas que procesan información en una red neuronal. Las redes profundas tienen múltiples capas: una capa de entrada que recibe los datos, capas ocultas intermedias que extraen características progresivamente más abstractas, y una capa de salida que produce el resultado final.

Ciencia 5.0: Término utilizado en este libro para describir la nueva era de la investigación científica caracterizada por la integración profunda de la inteligencia artificial en el proceso de descubrimiento. Representa una transformación cualitativa donde las máquinas no solo calculan, sino que aprenden, generan hipótesis y colaboran activamente con los investigadores humanos.

Clasificación: Tarea de aprendizaje automático que consiste en asignar una categoría o etiqueta a una entrada. Algunos ejemplos son determinar si un correo electrónico es spam, identificar el tipo de célula en una imagen microscópica o diagnosticar una enfermedad a partir de síntomas.

Computación cuántica: Paradigma de computación que aprovecha fenómenos de la mecánica cuántica, como la superposición y el entrelazamiento, para procesar información de formas imposibles para los ordenadores clásicos. Promete ventajas exponenciales para ciertos tipos de problemas, aunque la tecnología está aún en desarrollo.

Conjunto de datos *(dataset)*: Colección estructurada de datos utilizada para entrenar, validar y evaluar modelos de aprendizaje automático. La calidad y representatividad del conjunto de datos es crucial para el rendimiento del modelo resultante.

Conjunto de entrenamiento: Porción del conjunto de datos utilizada para ajustar los parámetros del modelo durante el aprendizaje. El modelo «ve» estos datos repetidamente y aprende de ellos.

Conjunto de prueba *(test set)*: Porción del conjunto de datos reservada para evaluar el rendimiento final del modelo. Estos datos nunca se utilizan durante el entrenamiento, lo que permite estimar cómo se comportará el modelo con datos nuevos.

Conjunto de validación: Porción del conjunto de datos utilizada para ajustar hiperparámetros y tomar decisiones sobre el diseño del modelo durante el desarrollo. Sirve como control intermedio entre el entrenamiento y la evaluación final.

Convolución: Operación matemática que combina dos funciones para producir una tercera. En redes neuronales convolucionales se utiliza para detectar patrones locales en los datos, como bordes o texturas en imágenes, aplicando filtros que se deslizan sobre la entrada.

D

Datos de entrenamiento: Ejemplos utilizados para enseñar a un modelo de aprendizaje automático. En aprendizaje supervisado, incluyen tanto las entradas como las salidas correctas esperadas. La calidad, cantidad y representatividad de estos datos determina en gran medida las capacidades del modelo.

Decoherencia: Proceso por el cual un sistema cuántico pierde sus propiedades cuánticas (como la superposición) debido a interacciones con su entorno. Es el principal obstáculo para construir ordenadores cuánticos útiles, ya que los qubits deben mantenerse aislados para preservar su estado cuántico.

Descenso del gradiente: Algoritmo de optimización utilizado para entrenar redes neuronales. Funciona calculando el gradiente (la dirección de máximo aumento) de la función de error y moviendo los parámetros en la dirección opuesta, como un excursionista que desciende una montaña dando siempre pasos hacia abajo.

Difusión (modelos de): Tipo de modelo generativo que aprende a crear datos (como imágenes) mediante un proceso de dos fases: primero añade ruido gradualmente a los datos hasta destruirlos, y luego aprende a revertir ese proceso, generando datos nuevos a partir de ruido aleatorio. Es la base de sistemas como DALL-E y Stable Diffusion.

E

Embedding: Representación de datos discretos (como palabras o categorías) como vectores numéricos en un espacio continuo de menor dimensión. Los *embeddings* capturan relaciones semánticas: palabras con significados similares tienen vectores cercanos en este espacio.

Entrelazamiento cuántico: Fenómeno de la mecánica cuántica por el cual dos o más partículas quedan correlacionadas de forma que el estado de una determina instantáneamente el estado de las otras, independientemente de la distancia que las separe. Es un recurso fundamental para la computación y comunicación cuánticas.

Entrenamiento: Proceso mediante el cual un modelo de aprendizaje automático ajusta sus parámetros internos para mejorar su rendimiento en una tarea, utilizando datos de ejemplo. Durante el entrenamiento, el modelo ve repetidamente los datos y corrige gradualmente sus errores.

Época *(epoch)*: Es una pasada completa por todo el conjunto de datos de entrenamiento. El entrenamiento típicamente requiere múltiples épocas, durante las cuales el modelo refina progresivamente su comprensión de los patrones en los datos.

Error (función de): Medida matemática de la discrepancia entre las predicciones del modelo y las respuestas correctas. También es conocida como función de pérdida o función de coste. El objetivo del entrenamiento es minimizar esta función ajustando los parámetros del modelo.

F

FAIR (principios): Acrónimo de *Findable* (localizable), *Accessible* (accesible), *Interoperable* (interoperable) y *Reusable* (reutilizable). Son directrices para la gestión de datos científicos que facilitan su descubrimiento y reutilización tanto por humanos como por máquinas.

Función de activación: Función matemática aplicada a la salida de cada neurona que introduce no linealidad en la red, permitiéndole aprender relaciones complejas. Ejemplos comunes incluyen ReLU (unidad lineal rectificada), sigmoidea y tangente hiperbólica.

G

Generalización: Capacidad de un modelo para funcionar bien con datos nuevos que no ha visto durante el entrenamiento. Un modelo que generaliza bien ha aprendido patrones genuinos de los datos, no simplemente memorizado los ejemplos de entrenamiento.

GPU (Unidad de Procesamiento Gráfico): Procesador diseñado originalmente para renderizar gráficos en videojuegos, pero que resultó extraordinariamente eficiente para los cálculos paralelos que requiere el aprendizaje profundo. Las GPU son hoy el *hardware* estándar para entrenar redes neuronales.

Gradiente: Vector que indica la dirección y magnitud del máximo aumento de una función en un punto dado. En aprendizaje automático, el gradiente de la función de error respecto a los parámetros indica cómo ajustarlos para reducir el error.

H

Hiperparámetro: Configuración del proceso de aprendizaje que se establece antes del entrenamiento y no se ajusta automáticamente durante el mismo. Algunos ejemplos son la tasa de aprendizaje, el número de capas, el tamaño del lote y la arquitectura de la red. Su elección requiere experimentación y experiencia.

I

IA explicable (XAI): Campo de investigación que busca hacer comprensibles las decisiones de los sistemas de inteligencia artificial. Desarrolla técnicas para interpretar por qué un modelo produce determinada predicción, especialmente importante en aplicaciones de alto riesgo como medicina o justicia.

IA generativa: Sistemas de inteligencia artificial capaces de crear contenido nuevo (texto, imágenes, música, código) que no existía previamente. Incluye modelos de lenguaje como GPT, generadores de imágenes como DALL-E, y otros sistemas creativos.

Inferencia: Proceso de utilizar un modelo ya entrenado para hacer predicciones sobre datos nuevos. A diferencia del entrenamiento, durante la inferencia los parámetros del modelo permanecen fijos.

Inteligencia artificial (IA): Campo de la informática dedicado a crear sistemas capaces de realizar tareas que típicamente requieren inteligencia humana, como reconocer patrones, tomar decisiones, comprender lenguaje o resolver problemas. Abarca desde sistemas basados en reglas hasta aprendizaje automático moderno.

L

Laboratorio autónomo: Instalación de investigación donde robots controlados por inteligencia artificial pueden diseñar, ejecutar y analizar experimentos con mínima intervención humana. Representan la automatización del ciclo completo del método científico.

LLM *(Large Language Model):* Véase Modelo de lenguaje grande.

M

Modelo: En aprendizaje automático, una representación matemática que captura patrones en los datos y puede utilizarse para hacer predicciones. Un modelo se define por su arquitectura y sus parámetros, que se ajustan durante el entrenamiento.

Modelo de lenguaje grande (LLM): Red neuronal entrenada con enormes cantidades de texto para predecir la siguiente palabra en una secuencia. Estos modelos han demostrado capacidades emergentes sorprendentes, incluyendo razonamiento, traducción y generación de código. Algunos ejemplos son GPT-4, Claude y LLaMA.

Modelo generativo: Tipo de modelo que aprende la distribución de probabilidad de los datos de entrenamiento y puede generar nuevas muestras de esa distribución. A diferencia de los modelos discriminativos (que solo clasifican), los generativos pueden crear contenido nuevo.

N

Neurona artificial: Unidad básica de procesamiento en una red neuronal, inspirada vagamente en las neuronas biológicas. Recibe múltiples entradas, las combina mediante una suma ponderada, aplica una función de activación y produce una salida que se transmite a otras neuronas.

NISQ *(Noisy Intermediate-Scale Quantum)*: Acrónimo que describe la era actual de la computación cuántica, caracterizada por dispositivos con decenas a cientos de qubits que son demasiado ruidosos para la corrección de errores completa, pero suficientemente capaces para algunas aplicaciones útiles.

Normalización: Técnica que ajusta los valores de los datos o las activaciones de una red para que tengan propiedades estadísticas específicas (como media cero y varianza uno). Facilita y estabiliza el entrenamiento de redes profundas.

O

Optimizador: Algoritmo que ajusta los parámetros del modelo durante el entrenamiento para minimizar la función de error. El descenso del gradiente es el optimizador básico; variantes más sofisticadas, como Adam o SGD con momento, mejoran la velocidad y la estabilidad del aprendizaje.

Overfitting **(sobreajuste):** Fenómeno en el que un modelo aprende demasiado bien los datos de entrenamiento, incluyendo su ruido y peculiaridades, y pierde capacidad de generalizar a datos nuevos. Es como un estudiante que memoriza las respuestas de exámenes pasados en lugar de entender los conceptos.

P

Parámetro: Valor numérico interno del modelo que se ajusta durante el entrenamiento. En una red neuronal, los parámetros son los pesos de las conexiones entre neuronas. Los modelos grandes pueden tener miles de millones de parámetros.

Perceptrón: Modelo de neurona artificial propuesto por Frank Rosenblatt en 1958. El perceptrón simple solo puede resolver problemas linealmente separables, limitación que frenó la investigación en redes neuronales durante décadas, hasta el desarrollo de redes multicapa.

Peso *(weight):* Valor numérico que determina la fuerza de la conexión entre dos neuronas. Durante el entrenamiento, los pesos se ajustan para que la red produzca las salidas deseadas. El conjunto de todos los pesos constituye el «conocimiento» aprendido por el modelo.

Predicción: Salida producida por un modelo de aprendizaje automático cuando se le presenta una entrada nueva. Puede ser una categoría (en clasificación), un valor numérico (en regresión) u otro tipo de resultado según la tarea.

Preentrenamiento: Fase inicial del entrenamiento en la que un modelo aprende representaciones generales a partir de grandes cantidades de datos no etiquetados. El modelo preentrenado puede luego ajustarse finamente para tareas específicas con menos datos.

Proteína: Molécula biológica formada por una cadena de aminoácidos que se pliega en una estructura tridimensional específica. Las proteínas realizan la mayoría de las funciones celulares, y su estructura determina su función. Predecir la estructura a partir de la secuencia es uno de los grandes éxitos de la IA científica.

Q

Qubit: Unidad básica de información en computación cuántica. A diferencia del bit clásico, un qubit puede estar en una superposición de los estados 0 y 1 simultáneamente, lo que permite explorar múltiples posibilidades en paralelo.

R

Red convolucional (CNN): Tipo de red neuronal especialmente eficaz para procesar datos con estructura espacial, como imágenes. Utiliza capas de convolución que detectan patrones locales (bordes, texturas) y los combinan progresivamente en características más abstractas.

Red generativa adversaria (GAN): Arquitectura que enfrenta dos redes neuronales: un generador que crea datos falsos y un discriminador que intenta distinguirlos de los reales. La competencia entre ambas mejora progresivamente la calidad de los datos generados.

Red neuronal: Modelo computacional inspirado vagamente en el cerebro biológico, compuesto por neuronas artificiales organizadas en capas y conectadas mediante pesos ajustables. Aprende a realizar tareas ajustando estos pesos a partir de ejemplos.

Red neuronal profunda: Red neuronal con múltiples capas ocultas entre la entrada y la salida. La profundidad permite aprender representaciones jerárquicas progresivamente más abstractas de los datos.

Red neuronal recurrente (RNN): Tipo de red neuronal diseñada para procesar secuencias de datos, como texto o series temporales. Incluye conexiones que permiten que la información persista a lo largo del tiempo, dotando a la red de una forma de «memoria».

Regresión: Tarea de aprendizaje automático que consiste en predecir un valor numérico continuo. Algunos ejemplos son predecir el precio de una vivienda, la temperatura de mañana o la concentración de una sustancia.

Regularización: Conjunto de técnicas para prevenir el sobreajuste penalizando modelos excesivamente complejos. Incluye métodos como el *dropout* (desactivar aleatoriamente neuronas durante el entrenamiento) o añadir términos de penalización a la función de error.

S

Sesgo (bias): En redes neuronales, parámetro que se suma a la combinación ponderada de entradas antes de la activación. En un sentido más amplio, se refiere a las tendencias sistemáticas de un modelo a producir ciertos tipos de errores, frecuentemente heredadas de sesgos en los datos de entrenamiento.

Superposición cuántica: Principio de la mecánica cuántica por el cual un sistema puede existir simultáneamente en múltiples estados hasta que se realiza una medición. Un qubit en superposición está «a la vez» en los estados 0 y 1, permitiendo una forma de paralelismo en el procesamiento de información.

Supremacía cuántica: Demostración de que un ordenador cuántico puede realizar una tarea específica más rápido que cualquier ordenador clásico existente. El término fue popularizado por Google en 2019 cuando su procesador Sycamore completó en minutos un cálculo que requeriría miles de años en supercomputadores convencionales.

T

Tasa de aprendizaje: Hiperparámetro que controla cuánto se ajustan los parámetros del modelo en cada paso del entrenamiento. Una tasa muy alta puede hacer que el aprendizaje sea inestable; una muy baja lo hace extremadamente
lento.

Tensor: Generalización matemática de vectores y matrices a cualquier número de
dimensiones. Los datos en aprendizaje profundo (imágenes, secuencias, lotes)
se representan como tensores, y las operaciones sobre ellos son la base del
cálculo en redes neuronales.

Token: Unidad básica de texto que procesa un modelo de lenguaje. Puede ser una
palabra completa, parte de una palabra o un carácter individual, dependiendo del método de tokenización utilizado. Los modelos de lenguaje predicen el
siguiente token en una secuencia.

TPU *(Tensor Processing Unit):* Procesador especializado desarrollado por Google específicamente para acelerar los cálculos de aprendizaje automático. Las TPU
están optimizadas para operaciones con tensores y pueden ser significativamente más eficientes que las GPU para ciertas cargas de trabajo.

Transferencia de aprendizaje *(transfer learning):* Técnica que aprovecha el conocimiento adquirido por un modelo en una tarea para mejorar el rendimiento en
otra tarea relacionada. Permite obtener buenos resultados con menos datos de
entrenamiento reutilizando representaciones aprendidas previamente.

Transformador *(transformer):* Arquitectura de red neuronal introducida en 2017
que utiliza mecanismos de atención para procesar secuencias en paralelo, superando las limitaciones de las redes recurrentes. Es la base de modelos de lenguaje como GPT, BERT y sus sucesores, así como de sistemas de visión y otros
dominios.

U

Underfitting **(subajuste):** Situación en la que un modelo es demasiado simple para
capturar los patrones relevantes en los datos, resultando en mal rendimiento
tanto en entrenamiento como en datos nuevos. Es el problema opuesto al sobreajuste.

V

Validación cruzada: Técnica para evaluar la capacidad de generalización de un modelo dividiendo los datos en múltiples particiones y entrenando/evaluando re-

petidamente con diferentes combinaciones. Proporciona una estimación más robusta del rendimiento que una única división entrenamiento/prueba.

Vector: Lista ordenada de números que puede representar un punto en un espacio multidimensional. En aprendizaje automático, los vectores se usan para representar datos, parámetros y características de forma que puedan procesarse matemáticamente.